わかりやすい電気回路

工学博士 斎藤 利通
博士（工学）神野 健哉 共著

コロナ社

まえがき

「数学は自然科学の言語であり，回路は工学の言語である」といわれている。科学技術のさまざまな概念を文章で記述することは困難であり，マクスウェルの方程式やキルヒホッフの法則のように数式を用いて表現することが多い。さまざまな工学システムを文章で記述することは困難であり，回路モデルを用いて考察することが多い。電気回路の概念を身につけることは，スイッチング電源回路やアナログ–ディジタル変換回路のような実用回路を設計するための基礎となるだけでなく，さまざまな工学システムの動作を理解し，その性能を高めていくための基礎となる。

本書は，その電気回路を学ぶための入門書である。キルヒホッフの法則と重ねの理が成り立つ電気回路を対象とし，その動作を把握するための方法を学ぶ。内容を理解するためには，高等学校で学んだ数学の知識が必要である。大学で学ぶ行列や複素数に関する知識も必要であるが，これについては付録に要点を記述した。

本書を教科書あるいは参考書として使用する場合と，独習書として使用する場合があると思われる。独習する場合は以下の3点に注意していただきたい。

(1) 基礎事項の理解を重視したため，省略した内容もある。立体回路の解析法や分布定数回路などである。このような事項については，基礎を固めた後で学んでいただきたい。

(2) 正弦波定常状態の解析（フェーザ法）では，電力工学のみでなく，信号処理や通信工学への発展も考慮した。

(3) 例題と章末問題は内容の理解を助けるためのものである。したがって，各問題がどのような概念の理解につながるのかを十分考えて学習していただきたい。解法を暗記するような学習法では理解は深まらない。

本書は，基本構想を相談しながら，神野が1章と3章，斎藤がそれ以外の部分を執筆した。執筆にあたりお世話になったコロナ社に深く感謝する。最後に，図面作成などで協力してもらった法政大学大学院の山岡慧君，村田康臣君，坂本秀人君，草野弘之君，田中嶋孝祐君，多田直樹君，佐藤龍直君，髙橋理沙さんに感謝する。

2016年7月

斎藤 利通
神野 健哉

目　　　次

1.　キルヒホッフの法則

1.1　抵抗，コンダクタンス …………………………………………………… *1*
1.2　回路のグラフ，枝電圧，枝電流 ………………………………………… *3*
1.3　キルヒホッフの法則 ……………………………………………………… *4*
1.4　テレゲンの定理 …………………………………………………………… *7*
1.5　電　　　源 ………………………………………………………………… *8*
1.6　電　源　の　変　換 ……………………………………………………… *10*
章　末　問　題 ………………………………………………………………… *12*

2.　抵抗回路網の解析

2.1　節点電圧と節点方程式 …………………………………………………… *13*
2.2　網路電流と網路方程式 …………………………………………………… *17*
2.3　重　ね　の　理 …………………………………………………………… *20*
2.4　テブナンの等価回路とノートンの等価回路 …………………………… *23*
章　末　問　題 ………………………………………………………………… *25*

3.　キャパシタとインダクタを含む回路

3.1　キ ャ パ シ タ ……………………………………………………………… *26*
3.2　合成キャパシタンス ……………………………………………………… *28*
3.3　キャパシタに蓄えられるエネルギー …………………………………… *30*
3.4　イ ン ダ ク タ ……………………………………………………………… *31*
3.5　合成インダクタンス ……………………………………………………… *32*
3.6　インダクタに蓄えられるエネルギー …………………………………… *34*
3.7　RC回路の動作 …………………………………………………………… *35*

3.8 初期値，DC定常解，時定数 ………………………………………… 38
章　末　問　題 ………………………………………………………………… 41

4. 正弦波定常状態の解析

4.1 正　弦　波　電　源 ………………………………………………………… 43
4.2 フェーザと微分方程式 ………………………………………………… 46
4.3 インピーダンスとアドミタンス ……………………………………… 49
4.4 インピーダンスとアドミタンスを用いた回路解析 ……………… 52
4.5 正弦波定常状態の網路方程式 ………………………………………… 54
4.6 正弦波定常状態の節点方程式 ………………………………………… 56
4.7 正弦波定常状態の重ねの理 …………………………………………… 57
4.8 共　振　回　路 ………………………………………………………… 60
章　末　問　題 ………………………………………………………………… 62

5. 正弦波定常状態の電力

5.1 平均電力と実効値 ……………………………………………………… 64
5.2 正弦波定常状態の実効値 ……………………………………………… 66
5.3 有効電力，無効電力，皮相電力 ……………………………………… 67
5.4 整　　　　　合 ………………………………………………………… 69
5.5 三　相　交　流 ………………………………………………………… 71
章　末　問　題 ………………………………………………………………… 75

6. フーリエ級数

6.1 周期信号とフーリエ正弦級数 ………………………………………… 76
6.2 フーリエ余弦級数と重ねの理 ………………………………………… 78
6.3 複素形のフーリエ級数とパーシヴァルの定理 ……………………… 80
章　末　問　題 ………………………………………………………………… 84

7. 2 ポート

- 7.1 2ポートの基本表現 ………………………………………… 85
- 7.2 パラメータの意味と相反定理 ……………………………… 88
- 7.3 2ポートの等価 ………………………………………………… 91
- 7.4 伝 送 行 列 ……………………………………………………… 92
- 7.5 入力インピーダンスとジャイレータ ……………………… 93
- 7.6 2ポートの接続 ………………………………………………… 94
- 7.7 相互インダクタ ……………………………………………… 96
- 7.8 従 属 電 源 ……………………………………………………… 98
- 章 末 問 題 ………………………………………………………… 100

8. RLC回路の解析

- 8.1 LC回路と振動 ………………………………………………… 103
- 8.2 RLC回路を記述する微分方程式 …………………………… 104
- 8.3 指数関数代入法 ……………………………………………… 105
- 8.4 正弦波電源を含むRLC回路の解析 ………………………… 110
- 8.5 直流電源を含むRLC回路の解析 …………………………… 113
- 8.6 DC定常解の導出法 …………………………………………… 114
- 章 末 問 題 ………………………………………………………… 117

9. ラプラス変換

- 9.1 ラプラス変換と微分方程式 ………………………………… 118
- 9.2 RLC回路への応用 …………………………………………… 121
- 9.3 部分分数展開 ………………………………………………… 122
- 章 末 問 題 ………………………………………………………… 129

10. 状態方程式

10.1 状態方程式 ·· *130*
10.2 ラプラス変換による状態方程式の解法 ································· *131*
10.3 状態方程式の導出 ··· *134*
10.4 スイッチを含む回路の複雑な初期値 ··································· *136*
10.5 従属電源を含む回路 ·· *140*
章 末 問 題 ·· *143*

付　録

A.1 行列式，クラーメルの公式 ··· *145*
A.2 複　素　数 ·· *147*

引用・参考文献 ·· *149*
章末問題解答 ·· *150*
索　　引 ··· *156*

1 キルヒホッフの法則

電気回路の最も基本となる法則はキルヒホッフの法則とオームの法則である．本章では回路素子が線形抵抗である場合を用いてこの基本となるキルヒホッフの法則について説明する．キルヒホッフの法則は線形抵抗以外でも成り立つ法則であるが，まずは線形抵抗である場合を考える．また回路がグラフで表せること，グラフが同一の回路は同一の回路とみなせることなど，回路解析の基本となる事項を学ぶ．

1.1 抵抗，コンダクタンス

電気 (electricity) とは**エネルギー** (energy) を持った**電荷** (charge) の移動やその相互作用による現象全般のことを示す．電気を流すことができる物質を**導体** (conductor) という．導体中を電荷が移動する際，電荷は導体中の原子等に衝突し，移動が妨害される．この電荷の移動のしにくさ，すなわち電流の流れにくさを「抵抗」という．「抵抗」の大きさはその導体の物質の種類と長さに比例し，導体の断面積に反比例する．抵抗の単位はオーム〔Ω〕という．図 1.1 に示すようなこれら電圧 v，電流 i，抵抗 r の関係は**オームの法則** (Ohm's low) と呼ばれ，つぎの関係式が成り立つ．

$$v = r \cdot i \tag{1.1}$$

導体の両端で 1 V の電位差があるとき 1 A の電流が流れると，その導体の抵抗の大きさは 1 Ω である．術語「抵抗」は，この回路の流れにくさを表す意味の**抵抗** (resistance) と，物理的実体である回路素子としての**抵抗** (resistor) 両方の意味で用いる．**回路素子** (circuit element) としての抵抗は，図 1.1 に示した記号で表す．**電圧** (voltage) v の $+$ と $-$ の記号と，**電流** (current) i の矢印は，電位の高い端子から低い端子へ電流が流れた場合に，電圧と電流が正

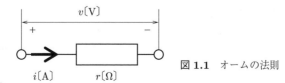

図 1.1 オームの法則

の値をとるように定めたものである。

抵抗の逆数のことを**コンダクタンス** (conductance) といい，その単位はジーメンス〔S〕である。抵抗は電流の流れにくさを表したもので，コンダクタンスは電流の流れやすさを表す。抵抗を r〔Ω〕，コンダクタンスを g〔S〕とすると，これらはつぎの関係がある。

$$r = \frac{1}{g} \iff g = \frac{1}{r} \tag{1.2}$$

この関係から，コンダクタンスを用いてオームの法則を表すとつぎのようになる。

$$v = \frac{i}{g} \tag{1.3}$$

導体中を電荷が移動する際，電荷は導体中の原子等に衝突し，衝突時に電気エネルギーは熱エネルギーに変化する。この熱エネルギーはジュール熱と呼ばれ，その単位はジュール〔J〕という。発生する熱エネルギーを Q〔J〕，導体の電気抵抗を r〔Ω〕，導体を流れる電流を i〔A〕，流れた時間を t〔秒〕（あるいは〔s〕）とすると，つぎの関係式が成り立つ。

$$Q = ri^2 t \quad \text{〔J〕} \tag{1.4}$$

この関係式を**ジュールの法則** (Joule's law) という。

導体にかかる電圧を v〔V〕とすると，式 (1.4) はオームの法則によってつぎのように変形できる。

$$Q = ri^2 t = vit = \frac{v^2}{r} t \quad \text{〔J〕} \tag{1.5}$$

式 (1.5) から，電流が流れる時間に比例して，電気エネルギーが熱エネルギーに変化することがわかる。ここで，一定の時間（単位時間）で使われるエネルギーを「仕事率」という。さらに，導体に電流が流れることによって発生する熱エネルギーの「仕事率」を「電力」と呼ぶ。単位はワット〔W〕である。電力を P〔W〕と表記すると，つぎの関係式が成り立つ。

$$P = \frac{Q}{t} = ri^2 = vi = \frac{v^2}{r} \quad \text{〔W〕} \tag{1.6}$$

電力 P の一定時間での積算値を「電力量」という。「電力量」では一定時間に 1 時間を用いる場合が多く，このとき「電力量」の単位はワット時〔Wh〕が使われる。

例題 1.1 75 Ω の抵抗に 10 V の直流電圧を 30 秒間印加した。30 秒の間にこの抵抗で消費されるエネルギー Q〔J〕と電力 P〔W〕を求めよ。

【解答】 r〔Ω〕の抵抗に v〔V〕の直流電圧が t 秒間印加された際に抵抗で消費されるエネルギー Q〔J〕は

$$Q = \frac{v^2}{r} t \tag{1.7}$$

で計算される。75Ωの抵抗に10Vの直流電圧が30秒間印加された際に抵抗で消費されるエネルギー Q は

$$Q = \frac{10 \times 10}{75} \cdot 30 = 40 \text{ J} \tag{1.8}$$

また，1秒間当りの消費エネルギーを電力というので，75Ωの抵抗に10Vの直流電圧が印加された際に抵抗で消費される電力は

$$P = \frac{Q}{t} = \frac{40}{30} = \frac{4}{3} \text{ W} \tag{1.9}$$

である。 ◇

1.2 回路のグラフ，枝電圧，枝電流

回路 (circuit) を考察する場合，各回路素子がどのようにつながっているか，すなわち接続関係が重要である。接続関係を表すために図 **1.2** に示した回路の**グラフ** (graph) の概念を概説する。回路素子に対応する線分のことを**枝** (branch) という。また，枝の接続している点，すなわち複数の回路素子が接続している点のことを**節点** (node) という。接点は回路図では，●や○の記号で表すが，記号を省略する場合もある。図 1.2 (a) の回路をグラフとして表すと図 1.2 (b) のようになる。枝の両端の節点の電位差を**枝電圧** (branch voltage) といい，枝を流れる電流を**枝電流** (branch current) という。図 1.2 (b) に枝電流と枝電圧を付すると図 **1.3** のように表せる。ある節点から同じ枝を通ることなく，もとの接点に戻る経路を**閉路** (ループ，loop) という。ループの中に他のループが含まれないようなループを**網路** (mesh) という。図 1.3 の網路は図 **1.4** 中の m_1, m_2, m_3 である。本書では，簡単のため，回路のグラフにつ

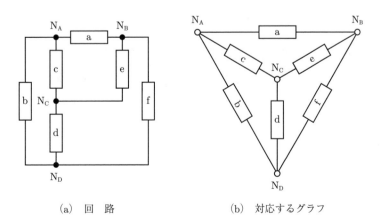

(a) 回 路　　　　　(b) 対応するグラフ

図 **1.2** 回路のグラフの概念

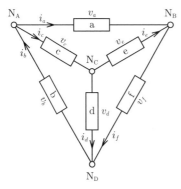
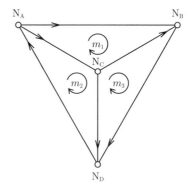

図 1.3 枝電圧と枝電流　　　　　図 1.4 網　路

いては初歩的な概念を中心に説明することにする。例えば，ループはおもに網路を指すものとして説明を行う。より一般的な回路のグラフの概念については，専門書を参照されたい。

1.3 キルヒホッフの法則

回路を考察する基礎として最も重要な法則を説明する。

〔1〕 **キルヒホッフの電流則（KCL）**　　回路の中の任意の節点に流入（あるいは流出）する枝電流の総和は，あらゆる瞬間において 0 である。例えば，図 1.5 に示す回路において，節点に流入する向きを正とすると

$$i_1 - i_2 + i_3 - i_4 + i_5 = 0$$

が成り立つ，流出する向きを正とすると

$$-i_1 + i_2 - i_3 + i_4 - i_5 = 0$$

と符号が逆の同じ結果が得られる。以下では，この**キルヒホッフの電流則** (Kirchhoff's current law) を **KCL** と略記する。電流は電荷の移動であるので，電流の和が 0 であることは，電荷の和の時間的変化が一定であることを意味する。すなわち，KCL は電荷の保存を意味している。

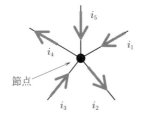

図 1.5 キルヒホッフの電流則（KCL）

〔2〕 **キルヒホッフの電圧則（KVL）** 回路中の任意の一つのループについてその向きを考えた場合，ループに沿って一巡するときに，そのループを構成する各枝の枝電圧の総和はあらゆる瞬間において 0 である。例えば，図 **1.6** に示す回路において，ループの時計回りを正とすると

$$-E_1 + R_1 i + R_2 i - E_2 + R_3 i = 0$$

が成り立つ，半時計回りを正とすると

$$E_1 - R_1 i - R_2 i + E_2 - R_3 i = 0$$

が成り立つ。以下では，このキルヒホッフの電圧則 (Kirchhoff's voltage law) を **KVL** と略記する。電圧（電位）は，電荷を動かす仕事であるので，電圧の和が 0 であることは，電荷をループにそって一巡させる仕事は 0 であることを意味する。すなわち，KVL はエネルギーの保存を意味している。KCL と KVL†は回路を考察するための基礎となる。

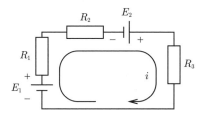

図 **1.6** キルヒホッフの電圧則（KVL）

例題 1.2 図 **1.7** に示す回路において，つぎの問いに答えよ。

(1) 節点 N_A，節点 N_B，節点 N_C および，節点 N_D での KCL を示せ。

(2) 網路 m_1，網路 m_2 および，網路 m_4 での KVL を示せ。

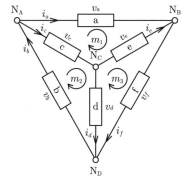

図 **1.7**

---

† KCL を「キルヒホッフの第一法則」，KVL を「キルヒホッフの第二法則」と呼ぶ場合もある。

【解答】 (1) 節点へ流入する電流の向きを正とすると各節点における KCL はつぎのとおり。

$N_A : -i_a + i_b - i_c = 0$

$N_B : i_a + i_e - i_f = 0$

$N_C : i_c - i_d - i_e = 0$

$N_D : -i_b + i_d + i_f = 0$

(2) 図 1.7 中の各網路 m_1, m_2 および m_3 は矢印のように時計回りを正とし，各素子の電流の向きと一致する場合を正とすると各網路における KVL はつぎのとおり。

$m_1 : v_a - v_c - v_e = 0$

$m_2 : v_b + v_c + v_d = 0$

$m_3 : -v_d + v_e + v_f = 0$ ◇

例題 1.3 (1) 図 1.8 (a) に示した，抵抗を直列接続した回路の v と i の関係を求めよ。

(2) 図 1.8 (b) に示したコンダクタンスを並列接続した回路の i と v を求めよ。

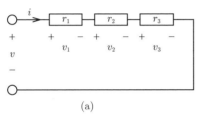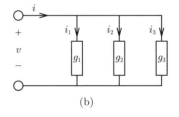

図 1.8

【解答】 (1) 各抵抗を流れる枝電流 i は同一であることに注意して KVL を適用すると

$$-v + v_1 + v_2 + v_3 = 0, \quad v_1 = r_1 i, \quad v_2 = r_2 i, \quad v_3 = r_3 i$$

であるので

$$v = (r_1 + r_2 + r_3)i$$

となる。これは，直列接続した抵抗の合成が，各抵抗の和で与えられることを示している。

(2) 各コンダクタンスの枝電圧 v は同一であることに注意して KCL を適用すると

$$-i + i_1 + i_2 + i_3 = 0, \quad i_1 = g_1 v, \quad i_2 = g_2 v, \quad i_3 = g_3 v$$

であるので

$$i = (g_1 + g_2 + g_3)v$$

となる。これは，並列接続したコンダクタンスの合成が，各コンダクタンスの和で与えられることを示している。 ◇

1.4 テレゲンの定理

図 1.9 に示す回路のように二つの回路 N_1 および N_2 のグラフが同じ形であるとする。回路 N_1 の枝電流と枝電圧をそれぞれ i_k, v_k とする。また，これに対応した回路 N_2 の枝電流と枝電圧をそれぞれ j_k, u_k とすると

$$\sum_{k=1}^{6} v_k j_k = 0, \quad \sum_{k=1}^{6} u_k i_k = 0 \tag{1.10}$$

が成り立つ。これを**テレゲンの定理** (Tellegen's theorem) という。この定理は二つの回路のグラフが同一に表せる場合は，素子がどのようなものであっても成り立つ電気回路において基本的な定理である。

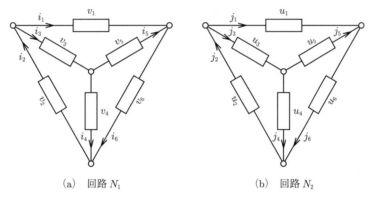

(a) 回路 N_1 (b) 回路 N_2

図 1.9 同形の回路

ここで，回路 N_1 と回路 N_2 が同じものであるとすると

$$\sum_{k=1}^{6} v_k i_k = 0 \tag{1.11}$$

が成り立つ。回路に含まれる枝を M 本とし，枝電圧を v_k，枝電流を i_k とすると，テレゲンの定理は以下の式で表せる。

$$\sum_{k=1}^{M} v_k i_k = 0 \tag{1.12}$$

各枝電流と枝電圧の積はその枝の電力を表す。これは回路に含まれるすべての各枝の枝電流と枝電圧の積の総和は 0 であることを示している。したがって，テレゲンの定理は回路内でのエネルギーが保存されることを意味する。

例題 1.4 図 1.7 に示す回路でテレゲンの定理が成り立つことを示せ。

【解答】 例題 1.2 で示したように KCL から

$$i_b = i_a + i_c, \quad i_d = i_a + i_c - i_f, \quad i_e = -i_a + i_f$$

の関係があり，また KVL から

$$v_b = -v_a - v_f, \quad v_d = v_a - v_c + v_f, \quad v_e = v_a - v_c$$

の関係がある。このとき

$$\begin{aligned}
&v_a i_a + v_b i_b + v_c i_c + v_d i_d + v_e i_e + v_f i_f \\
&= v_a i_a + (-v_a - v_f)(i_a + i_c) + v_c i_c + (v_a - v_c + v_f)(i_a + i_c - i_f) \\
&\quad + (v_a - v_c)(-i_a + i_f) + v_f i_f \\
&= 0
\end{aligned}$$

である。よって，テレゲンの定理が成り立つ。 ◇

1.5 電　　源

接続される回路がどのような回路であっても，つねに一定の電圧を供給する素子を電圧源という。接続される回路がどのような回路であっても，つねに一定の電流を供給する素子を電流源という。理想電圧源と理想電流源の記号を図 1.10 に示す。理想電圧源は，それに接続する回路がどのような回路であってもつねに一定の電圧を供給する。しかし，実際には回路に流れる電流が大きくなると電圧は一定でなくなる。これは実際の電圧源では図 1.11 (a) に示すように，理想電圧源に抵抗が直列に接続されているとみなすことができるためである。この抵抗を**内部抵抗** (internal resistor)†という。図 1.12 のように理想電圧源の起電力を E，内部抵抗を r_e として，電圧源に負荷抵抗 r を接続した際に流れる電流 i は

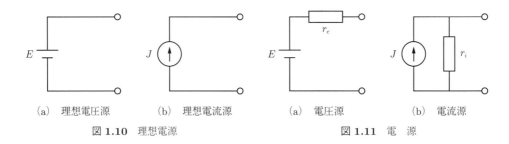

(a) 理想電圧源　　(b) 理想電流源　　　　(a) 電圧源　　(b) 電流源
　　図 1.10　理想電源　　　　　　　　　　図 1.11　電　源

---
† または内部インピーダンスという。

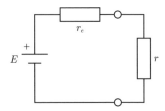

図 1.12 電圧源と負荷抵抗

$$i = \frac{E}{r_e + r} \tag{1.13}$$

となる．したがって，電圧源の出力電圧 v は内部抵抗 r_e での電圧降下を考慮して

$$v = E - r_e i = \frac{r}{r_e + r} E \tag{1.14}$$

となる．

式 (1.14) から負荷抵抗 r が小さい場合，電圧源の出力電圧 v は低くなる．したがって，電圧源の出力電圧を 0 にすることは，負荷抵抗を 0，すなわち**短絡**（ショート，short）することを意味する．

理想電流源は，それに接続する回路がどのような回路であっても，つねに一定の電流を供給する．しかし，実際の電流源では，図 1.11 (b) に示すように理想電流源に内部抵抗が並列に接続されているとみなすことができる．**図 1.13** のように理想電流源が供給する電流を J，内部抵抗を r_i として，電流源に負荷抵抗 r を接続した際の負荷抵抗の電位差 v は内部抵抗 r_i と負荷抵抗 r の合成抵抗を考慮して

$$v = \frac{r_i r}{r_i + r} J \tag{1.15}$$

となる．したがって，電流源の出力電流 i は

$$i = \frac{v}{r} = \frac{r_i}{r_i + r} J \tag{1.16}$$

となる．

式 (1.16) から負荷抵抗 r が大きい場合，電流源の出力電流 i は小さくなる．内部抵抗 r_i が無限大とすると，負荷抵抗 r が有限であれば出力電流は J となる．電流源の出力電流を 0 にするとは負荷抵抗を無限大，すなわち**開放** (open) することを意味する．

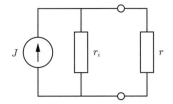

図 1.13 電流源と負荷抵抗

1.6 電源の変換

　内部抵抗が r_e の電圧源と，内部抵抗が r_i の電流源とを考える。これらの電圧源と電流源に負荷抵抗 r を接続した場合，負荷抵抗 r に流れる電流 i は以下のようになる。電圧源を接続した場合は

$$i = \frac{E}{r_e + r} \tag{1.17}$$

電流源を接続した場合は

$$i = \frac{r_i}{r_i + r} J \tag{1.18}$$

となる。両式から，双方の内部抵抗が等しく（$r_e = r_i$），$E = r_i J$ の関係が成り立てば，負荷抵抗 r には同じ電流が流れる。したがって，電圧源と電流源は外部から区別がつかず，同じものとみなせる。この場合，電圧源と電流源は**等価** (equivalent) であるという。そして，図 **1.14** に示したように，電圧源と電流源はたがいに変換可能であることがわかる。内部抵抗が r_e の電圧源に負荷抵抗 r を接続した際，負荷抵抗 r に流れる電流は式 (1.17) のとおりであるので，負荷抵抗で消費する電力 p は

$$p = r i^2 = \frac{E^2 r}{(r_e + r)^2} \tag{1.19}$$

となる。ここで，電力 p が最大となる負荷抵抗 r を考える。電力 p が最大となるのは $dp/dr = 0$ のときである。

$$\frac{dp}{dr} = \frac{r_e - r}{(r_e + r)^3} E^2 \tag{1.20}$$

したがって，$dp/dr = 0$ となるのは $r = r_e$ のときであり，このとき最大電力 $p_{\max}$ は

$$p_{\max} = \frac{E^2}{4 r_e} \tag{1.21}$$

となる。電圧源と電流源の内部抵抗が等しいとき，電圧源と電流源はたがいに変換できることに注意すると，電源が電圧源であっても電流源であっても，負荷抵抗値が内部抵抗値に等しい際に負荷抵抗で消費する電力は最大となる。この条件を**整合** (matching) という。

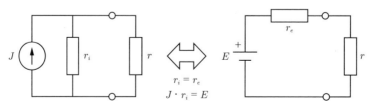

図 **1.14**　電流源と電圧源の変換

1.6 電源の変換

例題 1.5 図 1.15 のような回路がある。つぎの問いに答えよ。

(1) 負荷抵抗 r を流れる電流を求めよ。

(2) 負荷抵抗 r で消費する電力 P が最大となるときに r を流れる電流 $i_{\max}$ とそのときの電力 $P_{\max}$ を求めよ。

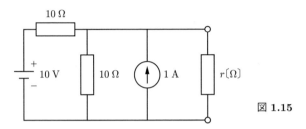

図 1.15

【解答】 電源の変換を用いて図 1.16 に示すように変換を施すと図左下のように 5Ω の内部抵抗を含んだ 10 V の電圧源に r 〔Ω〕の抵抗が接続した回路となる。

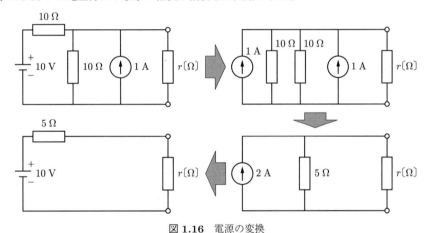

図 1.16　電源の変換

(1) 10 V の理想電圧源に 5Ω の内部抵抗と r 〔Ω〕の負荷抵抗が接続しているので、負荷抵抗 r を流れる電流 i は

$$i = \frac{10}{5+r} \text{ A}$$

(2) 負荷抵抗 r で消費する電力 P は流れる電流を i とすると

$$P = ri^2 = \frac{100r}{(5+r)^2} \text{ W}$$

である。P が最大となるのは $dP/dr = 0$ のときである。

$$\frac{dP}{dr} = \frac{5-r}{(5+r)^3} \cdot 100 \tag{1.22}$$

したがって、$dp/dr = 0$ となるのは $r = 5$ のときである。このとき流れる電流 $i_{\max}$ は

$$i_{\max} = \frac{10}{5+5} = 1 \text{ A}$$

12　　1. キルヒホッフの法則

である。また，最大電力 $P_{\max}$ は

$$P_{\max} = r i_{\max}^2 = 5 \cdot 1^2 = 5 \text{ W}$$

である。このように負荷抵抗での消費電力が最大となるのは，電源の内部抵抗と負荷抵抗の値が等しいときである。　　　　　　　　　　　　　　　　　　　　　　　　　　　　　◇

章　末　問　題

【1】 $300\,\Omega$ の抵抗に $5\,\text{V}$ の直流電圧を 3 分間印加した。3 分間で抵抗で消費されるエネルギー Q 〔J〕と電力 P〔W〕を求めよ

【2】 図 1.17 に示す回路において節点 N_A, 節点 N_B, 節点 N_C, 節点 N_D および，節点 N_E での KCL を示せ。

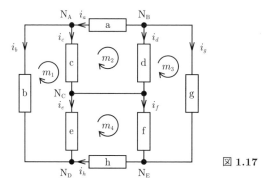

図 1.17

【3】 図 1.17 に示す回路において網路 m_1, 網路 m_2, 網路 m_3 および，網路 m_4 での KVL を示せ。なお，各素子の電位差は電流の向きに一致するとし，素子 k の電位差を v_k とする。

【4】 図 1.17 に示す回路においてテレゲンの定理が成り立つことを示せ。

【5】 図 1.18 に示す回路において，つぎの問いに答えよ。

　(1) 負荷抵抗 R に流れる電流を求めよ。

　(2) 負荷抵抗 R で消費する電力が最大となるときの R を求め，その際の最大電力 $P_{\max}$ を求めよ。

【6】 図 1.19 に示す回路で a–b 間で消費電力が最大となる抵抗値 R とその消費電力 P を求めよ。

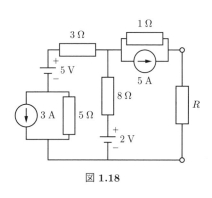

図 1.18

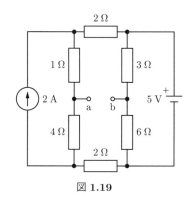

図 1.19

2 抵抗回路網の解析

抵抗と電源によって構成される回路の解析法を学ぶ。回路の電流あるいは電圧に対応する変数を定め，KCL あるいは KVL を適用して方程式を導出する方法を学ぶ。さらに，回路を考察するために重要な重ねの理，テブナンの定理，ノートンの定理について学ぶ。

2.1 節点電圧と節点方程式

電流源とコンダクタンス†で構成される回路の電圧を求める方法を説明する。回路が電圧源を含む場合は電流源に変換されているものとする。

図 2.1 (a) に示した回路を例に考える。この回路には六つのコンダクタンス $g_1 \sim g_6$ があり，その枝電圧 $e_1 \sim e_6$ を求めることが問題である。この六つの枝電圧を求めるには，6 本の独立な方程式が必要であるが，後述のように，この回路からは 3 本の方程式しかたてることができない。そのため，適当な三つの変数を選択して方程式をたてなくてはならない。本節ではそのような方程式について考察する。まず，1 章で概説した回路のグラフの概念をあらためて説明する。図 2.1 (a) の回路のグラフを図 2.1 (b) に示し，基本的な定義を行う。

- **枝**：回路素子に対応する線分。この回路のグラフには，六つのコンダクタンス $g_1 \sim g_6$ に対応する 6 本の枝 $b_1 \sim b_6$ と，電流源に対応する枝 b_s の合計 7 本の枝がある。
- **節点**：枝と枝が接続されている部分。この回路には，図 2.1 (b) の回路のグラフに示したように，$n_1 \sim n_4$ の四つの節点がある。
- **平面回路**：すべての枝が交差しないで平面上に描ける回路。本章では簡単のため，平面回路 (planar circuit) を対象とすることにする。非平面回路の取扱いについては文献6) などを参照。

この回路のグラフのコンダクタンスに対応する 6 本の枝 $b_1 \sim b_6$ の枝電圧を $e_1 \sim e_6$，枝電流を $j_1 \sim j_6$ とし，その方向を適当に定める。ここで，枝電圧と枝電流は**変数** (variable) であり，その方向は正と負の値を与える基準であることに注意する。例えば，枝 b_4 の枝電流

---

† 回路素子である抵抗をコンダクタンス G で表現する場合，その素子を「コンダクタンス」と呼ぶことにする。

14　　2. 抵抗回路網の解析

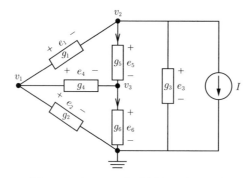

(a) コンダクタンスと電流源からなる回路

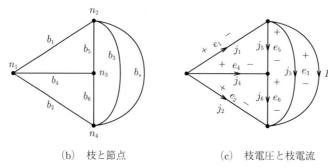

(b) 枝と節点　　　(c) 枝電圧と枝電流

図 **2.1**　回路のグラフ

j_4 矢印の方向は右向きであるが，これは j_4 が右向きに流れているという意味ではない。「右向きに流れたときに正の値をとり，左向きに流れたときに負の値をとる」という意味である。電流の流れる方向は回路の素子値によって変化する。交流電源を含む回路を流れる電流の方向は時間とともに変化する。また，枝 b_4 の枝電圧 e_4 は左側が + であり，右側が − であるが，これは左側の電位が高いという意味ではない。「左側の電位が高いときは正の値をとり，低いときに負の値をとる」という意味である。通常，回路の動作を調べるときは，電圧や電流は変数，あるいは時間の関数で表現する。

　枝電流の数は方程式の未知数としては多いので，アースからの電位である**節点電圧** (node voltage) という概念を導入する。図 2.1 (a) の回路は四つの節点を持ち，そのうちの一つ n_4 をアースとする。アースから計った節点 n_1 の電位を節点電圧 v_1，アースから計った節点 n_2 の電位を節点電圧 v_2，アースから計った節点 n_3 の電位を節点電圧 v_3，とする。次式で示すように，この三つの節点電圧によって六つの枝電圧を決めることができ，その枝電圧を用いて六つの枝電流を決めることができる。

$$
\left.\begin{aligned}
e_1 &= v_1 - v_2, & j_1 &= g_1 e_1 \\
e_2 &= v_1 - 0, & j_2 &= g_2 e_2 \\
e_3 &= v_2 - 0, & j_3 &= g_3 e_3 \\
e_4 &= v_1 - v_3, & j_4 &= g_4 e_4 \\
e_5 &= v_2 - v_3, & j_5 &= g_5 e_5 \\
e_6 &= v_3 - 0, & j_6 &= g_6 e_6
\end{aligned}\right\} \tag{2.1}
$$

したがって，節点電圧 v_1, v_2, v_3 を未知数とする方程式をたてることができれば，それを解いて節点電圧が得られ，その節点電圧によってすべての枝電圧と枝電流が得られる。その方程式は以下のように導出される。

まず，各節点において，節点から流出する向きを正として KCL を適用すると

$$
\begin{aligned}
n_1 &: \quad j_1 + j_2 + j_4 = 0 \\
n_2 &: \quad -j_1 + j_5 + j_3 + I = 0 \\
n_3 &: \quad -j_4 - j_5 + j_6 = 0
\end{aligned}
$$

式 (2.1) を用いて，節点電圧による表現にすると

$$
\begin{aligned}
n_1 &: \quad g_1(v_1 - v_2) + g_2 v_1 + g_4(v_1 - v_3) = 0 \\
n_2 &: \quad g_1(v_2 - v_1) + g_5(v_2 - v_3) + g_3 v_2 + I = 0 \\
n_3 &: \quad g_4(v_3 - v_1) + g_5(v_3 - v_2) + g_6 v_3 = 0
\end{aligned}
$$

となる。この**節点方程式** (node equation) は，行列を用いるとつぎのように表現できる。

$$
\begin{bmatrix} g_1 + g_2 + g_4 & -g_1 & -g_4 \\ -g_1 & g_1 + g_3 + g_5 & -g_5 \\ -g_4 & -g_5 & g_4 + g_5 + g_6 \end{bmatrix} \begin{bmatrix} v_1 \\ v_2 \\ v_3 \end{bmatrix} = \begin{bmatrix} 0 \\ -I \\ 0 \end{bmatrix} \tag{2.2}
$$

この式では以下のことが成り立つ。

　　　i 行 i 列：節点 i に接続されたコンダクタンスの和

　　　i 行 j 列：節点 i と節点 j の間のコンダクタンスに負号をつけたもの

　　　右辺の i 行：節点 i へ流入する電流源の和

このことは，電流源とコンダクタンスで構成されるすべての回路において成り立つ。この方程式を解いて節点電圧 v_1, v_2, v_3 が求まる。

一般に，電流源とコンダクタンスからなる回路を調べるときは，節点電圧を未知数とし，KCL を適用して方程式をたてることが常套手段である。まとめると以下のようになる。

16   2. 抵抗回路網の解析

(1) 電源は電流源で表現する。
(2) 一つの節点を接地し，他の各節点電圧を未知の変数とする。
(3) 各節点でKCLを適用し，節点方程式を導出する。
(4) 節点方程式を解いて各節点電圧を求める。

例題 2.1 図 2.2 の回路から節点方程式を導出せよ。

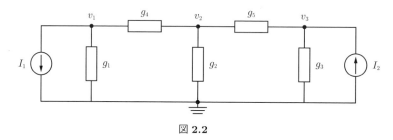

図 2.2

【解答】 この回路には四つの節点があるので，図 2.2 のように一つの節点をアースとし，残りの三つの節点の節点電圧を v_1, v_2, v_3 とする。各節点から流出する向きを正として KCL を適用すると

$$I_1 + g_1 v_1 + g_4(v_1 - v_2) = 0$$
$$g_4(v_2 - v_1) + g_2 v_2 + g_5(v_2 - v_3) = 0$$
$$g_5(v_3 - v_2) + g_3 v_3 - I_2 = 0$$

を得る。この節点方程式は，行列を用いるとつぎのように表現できる。

$$\begin{bmatrix} g_1 + g_4 & -g_4 & 0 \\ -g_4 & g_2 + g_4 + g_5 & -g_5 \\ 0 & -g_5 & g_3 + g_5 \end{bmatrix} \begin{bmatrix} v_1 \\ v_2 \\ v_3 \end{bmatrix} = \begin{bmatrix} -I_1 \\ 0 \\ I_2 \end{bmatrix} \tag{2.3}$$

◇

例題 2.2 図 2.3 の回路の節点方程式をたて，$rg = 1, r = 6\,\mathrm{k\Omega}, I = 2\,\mathrm{mA}$ として節点電圧を求めよ。

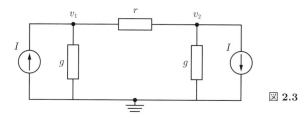

図 2.3

【解答】 一つの節点を接地し，残りの二つの節点で KCL を適用して節点方程式を導出する。

$$-I + gv_1 + \frac{v_1 - v_2}{r} = 0$$

$$\frac{v_2 - v_1}{r} + gv_2 + I = 0$$

行列の形に整理すると

$$\begin{bmatrix} rg+1 & -1 \\ -1 & rg+1 \end{bmatrix} \begin{bmatrix} v_1 \\ v_2 \end{bmatrix} = \begin{bmatrix} rI \\ -rI \end{bmatrix}$$

となり，数値を代入すると

$$\begin{bmatrix} 2 & -1 \\ -1 & 2 \end{bmatrix} \begin{bmatrix} v_1 \\ v_2 \end{bmatrix} = \begin{bmatrix} 12 \\ -12 \end{bmatrix}$$

となる。この方程式を解くと，節点電圧が求められる。

$$v_1 = 4\,\mathrm{V}, \quad v_2 = -4\,\mathrm{V}$$

◇

2.2 網路電流と網路方程式

電圧源と抵抗で構成される回路各部の電流を求める方法を説明する。回路が電流源を含む場合は電圧源に変換されているものとする。

図 2.4 (a) に示した回路を例に考える。この回路は，図 2.1 (a) の回路の電流源を電圧源に変換し，コンダクタンスを抵抗 $r_1 \sim r_6$ で表現したものである。その枝電圧 $j_1 \sim j_6$ を求めることが問題である。図 2.1 (a) の回路と同様，この回路からは 3 本の方程式しかたてることができない。図 2.4 (b) に示した回路のグラフに基づいて，適当な変数の選択を試みる。このグラフには，六つの抵抗 $r_1 \sim r_6$ に対応する枝 $b_1 \sim b_6$ と，電圧源に対応する枝 b_s の合計 7 本の枝がある。ここで，ループと網路を定義する。

- **ループ**：ある節点から出発して他の節点をたどりまたもとの節点に戻る路。
- **網　路**：中にループを含まないループ。

本章では簡単のため，おもに網路を用いて考察することとする。回路には三つの網路 $l_1 \sim l_3$ がある。抵抗に対応する 6 本の枝 $b_1 \sim b_6$ の枝電圧を $e_1 \sim e_6$，枝電流を $j_1 \sim j_6$ とし，その方向を適当に定める。枝電流の数は方程式の未知数としては多いので，網路を流れる**網路電流** (mesh current) という概念を導入する。網路 l_1, l_2, l_3 の網路電流をおのおの i_1, i_2, i_3 とし，時計回りに方向を定める。次式で示すように，この三つの網路電流によって六つの枝電流を決めることができ，その枝電流を用いて六つの枝電圧を決めることができる。

18   2. 抵抗回路網の解析

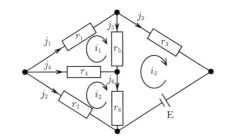

(a) 抵抗と電圧源からなる回路

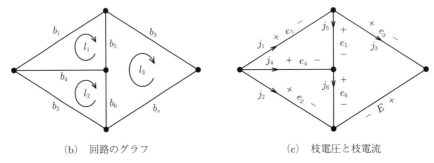

(b) 回路のグラフ　　　　　(c) 枝電圧と枝電流

図 2.4 網路解析

$$\left.\begin{array}{ll} j_1 = i_1, & e_1 = r_1 j_1 \\ j_2 = -i_2, & e_2 = r_2 j_2 \\ j_3 = i_3, & e_3 = r_3 j_3 \\ j_4 = i_2 - i_1, & e_4 = r_4 j_4 \\ j_5 = i_1 - i_3, & e_5 = r_5 j_5 \\ j_6 = i_2 - i_3, & e_6 = r_6 j_6 \end{array}\right\} \quad (2.4)$$

したがって，網路電流 i_1, i_2, i_3 を未知数とする方程式をたてることができれば，それを解いて網路電流が得られ，その網路電流によってすべての枝電流と枝電圧が得られる．その方程式は以下のように導出される．

まず，各網路において，時計回りを正として KVL を適用すると，以下のように表せる．

$l_1: \quad e_1 + e_5 - e_4 = 0$

$l_2: \quad -e_2 + e_4 + e_6 = 0$

$l_3: \quad e_3 + E - e_6 - e_5 = 0$

これらに式 (2.4) を用いて，網路電流による表現にすると

$l_1: \quad r_1 i_1 + r_5(i_1 - i_3) + r_4(i_1 - i_2) = 0$

$l_2: \quad r_2 i_2 + r_4(i_2 - i_1) + r_6(i_2 - i_3) = 0$

$l_3: \quad r_3 i_3 + E + r_6(i_3 - i_2) + r_5(i_3 - i_1) = 0$

を得る。この**網路方程式** (mesh equation) は，行列を用いるとつぎのように表現できる。

$$\begin{bmatrix} r_1+r_4+r_5 & -r_4 & -r_5 \\ -r_4 & r_2+r_4+r_6 & -r_6 \\ -r_5 & -r_6 & r_3+r_5+r_6 \end{bmatrix} \begin{bmatrix} i_1 \\ i_2 \\ i_3 \end{bmatrix} = \begin{bmatrix} 0 \\ 0 \\ -E \end{bmatrix} \quad (2.5)$$

この式では以下のことが成り立つ。

i 行 i 列：ループ i に含まれる抵抗の和

i 行 j 列：ループ i とループ j にともに含まれる抵抗に負号をつけたもの

右辺の i 行：節点 i に含まれる電圧源の和に負号をつけたもの

このことは，電圧源と抵抗で構成されるすべての回路において成り立つ。この方程式を解いてループ電流 i_1, i_2, i_3 が求まる。

一般に，電圧源と抵抗からなる回路を調べるときは，網路電流を未知数とし，KVL を適用して方程式をたてることが常套手段である。まとめると以下のようになる。

(1) 電源は電圧源で表現する。
(2) 各網路の網路電流を未知の変数とする。
(3) 各網路で KVL を適用し，網路方程式を導出する。
(4) 網路方程式を解いて各網路電流を求める。

例題 2.3 図 2.5 の回路から網路方程式を導出せよ。

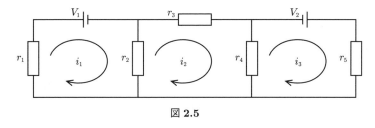

図 2.5

【解答】 回路には三つの網路があるので，各網路に時計回りにループ電流 i_1, i_2, i_3 を定める。各網路で KVL を適用すると

$$r_1 i_1 + V_1 + r_2(i_1 - i_2) = 0$$
$$r_2(i_2 - i_1) + r_3 i_2 + r_4(i_2 - i_3) = 0$$
$$r_4(i_3 - i_2) - V_2 + r_5 i_3 = 0$$

を得る。この網路方程式は，行列を用いてつぎのように表現できる。

$$\begin{bmatrix} r_1+r_2 & -r_2 & 0 \\ -r_2 & r_2+r_3+r_4 & -r_4 \\ 0 & -r_4 & r_4+r_5 \end{bmatrix} \begin{bmatrix} i_1 \\ i_2 \\ i_3 \end{bmatrix} = \begin{bmatrix} -V_1 \\ 0 \\ V_2 \end{bmatrix}$$

◇

例題 2.4 図 2.6 の回路の網路電流を求めよ。

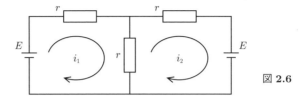

図 2.6

【解答】 各ループで KVL を適用し，網路方程式をたてる。

$$-E + ri_1 + r(i_1 - i_2) = 0$$
$$E + r(i_2 - i_1) + ri_2 = 0$$

行列を用いて表現すると

$$\begin{bmatrix} 2r & -r \\ -r & 2r \end{bmatrix} \begin{bmatrix} i_1 \\ i_2 \end{bmatrix} = \begin{bmatrix} E \\ -E \end{bmatrix}$$

この方程式を解けば，網路電流が求められる。

$$i_1 = \frac{E}{3r}, \quad i_2 = -\frac{E}{3r}$$

2.3 重 ね の 理

複数の電源を含む回路を考察するときに便利な重ねの理を，図 2.7 の回路例を用いて説明する。

この回路は三つの電圧源 E_1, E_2, E_3 と六つの抵抗で構成される。三つの網路電流 i_1, i_2, i_3 を時計回りに定義し，各網路で KVL を適用すると各網路で KVL を適用すると以下のように表せる。

$$-E_1 + ri_1 + R(i_1 - i_2) + R(i_1 - i_3) = 0$$
$$-E_2 + ri_2 + R(i_2 - i_3) + R(i_2 - i_1) = 0$$
$$-E_3 + ri_3 + R(i_3 - i_1) + R(i_3 - i_2) = 0$$

これらは行列を用いるとつぎのように表現できる。

$$\begin{bmatrix} r+2R & -R & -R \\ -R & r+2R & -R \\ -R & -R & r+2R \end{bmatrix} \begin{bmatrix} i_1 \\ i_2 \\ i_3 \end{bmatrix} = \begin{bmatrix} E_1 \\ E_2 \\ E_3 \end{bmatrix}$$

さらに，クラーメルの公式 (Cramer's rule) を用いて i_1 を求める。

$$i_1 = \frac{1}{\Delta} \begin{vmatrix} E_1 & -R & -R \\ E_2 & r+2R & -R \\ E_3 & -R & r+2R \end{vmatrix},$$

$$\Delta \equiv \begin{vmatrix} r+2R & -R & -R \\ -R & r+2R & -R \\ -R & -R & r+2R \end{vmatrix}$$

第 1 列について展開すると次式が導かれる。

$$i_1 = i_a + i_b + i_c$$

ただし，$i_a \sim i_c$ はそれぞれ以下で与えられる。

$$i_a \equiv \frac{E_1}{\Delta} \begin{vmatrix} r+2R & -R \\ -R & r+2R \end{vmatrix},$$

$$i_b \equiv -\frac{E_2}{\Delta} \begin{vmatrix} -R & -R \\ -R & r+2R \end{vmatrix},$$

$$i_c \equiv \frac{E_3}{\Delta} \begin{vmatrix} -R & -R \\ r+2R & -R \end{vmatrix}$$

ここで，i_a は電源が E_1 のみ（E_2 と E_3 はショート）の場合の i_1，i_b は電源が E_2 のみ（E_1 と E_3 はショート）の場合の i_1，i_c は電源が E_3 のみ（E_1 と E_2 はショート）の場合の i_1 であることがわかる。すなわち，以下のことが成り立つ。

- 複数の電源を含む回路の各電圧（枝電圧，節点電圧）や各電流（枝電流，網路電流）は，それぞれに電源が単独で存在していたときの各電圧や各電流の和に等しい。

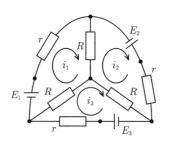

(a) 三つの電源 E_1, E_2, E_3 を含む回路

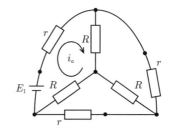

(b) 電源が E_1 のみの場合

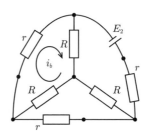

(c) 電源が E_2 のみの場合

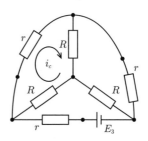

(d) 電源が E_3 のみの場合

図 **2.7** 重ねの理

これを**重ねの理** (principle of superposition) という。抵抗，キャパシタ，インダクタ，電源によって構成される回路では，重ねの理が成り立つ。重ねの理の成り立つ回路を**線形回路** (linear circuit) という。

例題 2.5 重ねの理を用いて図 2.8(a) の回路の枝電流 i を求めよ。

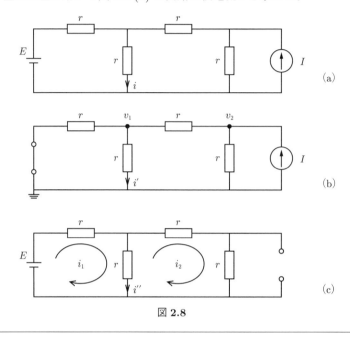

図 2.8

【解答】 図 2.8(b) のように電圧源 E をショートしたときの枝電流を i', 図 2.8(c) のように電流源 I を開放したときの枝電流を i'' とすると,重ねの理より $i = i' + i''$ が成り立つ。

まず,図 2.8(b) の回路に KCL を適用すると,節点電圧 v_1, v_2 に関する節点方程式が得られる。

$$\begin{bmatrix} 3/r & -1/r \\ -1/r & 2/r \end{bmatrix} \begin{bmatrix} v_1 \\ v_2 \end{bmatrix} = \begin{bmatrix} 0 \\ I \end{bmatrix}$$

これを解くと節点電圧 v_1 が求まり,それによって以下のように i' が求まる。

$$v_1 = \frac{rI}{5}, \quad i' = \frac{v_1}{r} = \frac{I}{5}$$

つぎに,図 2.8(c) の回路に KVL を適用すると,網路電流 i_1 と i_2 に関する網路方程式が得られる。

$$\begin{bmatrix} 2r & -r \\ -r & 3r \end{bmatrix} \begin{bmatrix} i_1 \\ i_2 \end{bmatrix} = \begin{bmatrix} E \\ 0 \end{bmatrix}$$

これを解くと網路電流が求まり。それらによって以下のように i'' が求まる。

$$i_1 = \frac{3E}{5r}, \quad i_2 = \frac{E}{5r}, \quad i'' = i_1 - i_2 = \frac{2E}{5r}$$

重ねの理よりつぎのように i が求まる。

$$i = i' + i'' = \frac{I}{5} + \frac{2E}{5r} \qquad \diamond$$

2.4　テブナンの等価回路とノートンの等価回路

本節では，線形回路の取扱いに重要な役割を果たす結果を説明する．図 2.9(a) の回路 N は適当な個数抵抗と直流電源から構成されており，端子対 1–1′ 間に抵抗 R が接続されている．この回路について以下のことが知られている．

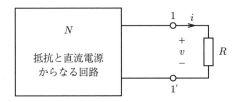

(a)　抵抗と直流電源からなる回路

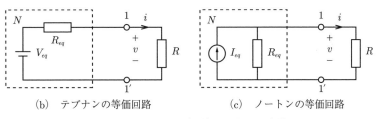

(b)　テブナンの等価回路　　　(c)　ノートンの等価回路

図 2.9　テブナンの定理とノートンの定理

〔1〕**テブナンの等価回路**　回路 N は抵抗 R_{eq} と電圧源 V_{eq} からなる図 2.9(b) の破線内の回路と等価であり，次式が成り立つ．

$$i = \frac{V_{eq}}{R_{eq} + R}$$

これを**テブナンの定理** (Thevenin's theorem) という．ここで，V_{eq} は R を開放したときの 1–1′ 間の電圧，R_{eq} は N 内の電源をすべて 0 としたときの 1–1′ 間の抵抗を表す．また，図 2.9(b) の破線内の回路を**テブナンの等価回路** (Thevenin's equivalent circuit) と呼ぶ．この結果は，N が抵抗と電源からなるどのような回路であってもテブナンの等価回路に置き換えられることを示している．

〔2〕**ノートンの等価回路**　回路 N は抵抗 R_{eq} と電流源 I_{eq} からなる図 2.9(c) の破線内の回路と等価であり，以下が成り立つ．

$$v = \frac{I_{eq}}{1/R_{eq} + 1/R} = \frac{R R_{eq} I_{eq}}{R_{eq} + R}$$

これを**ノートンの定理** (Norton's theorem) という．ここで，I_{eq} は R をショートしたときに

1–1′ 間を流れる電流，R_{eq} は N 内の電源をすべて 0 としたときの 1–1′ 間の抵抗を表す。また，図 2.9 (c) の破線内の回路を**ノートンの等価回路** (Norton's equivalent circuit) と呼ぶ。この結果は，N が抵抗と電源からなるどのような回路であってもノートンの等価回路に置き換えられることを示している。

テブナンの等価回路は，電源の変換によってノートンの等価回路に変換され，$I_{eq} = E_{er}/R_{eq}$ となる。テブナンの等価回路やノートンの等価回路を用いると，回路の解析が劇的に簡潔になることが多い。

証明 重ねの理を用いてテブナンの定理を証明する。図 **2.10** (a) の回路で

$$i = \frac{V_{eq}}{R_{eq} + R} \tag{2.6}$$

となることを示せれば，証明できたことになる。

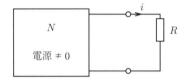

(a) 証明の対象となる回路(N 内に電源があり，R と直列に V_{eq} はない)

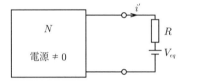 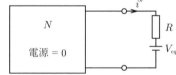

(b) R に直列に V_{eq} を挿入した回路 (c) R に直列に V_{eq} を挿入し，N 内の電源をゼロとした回路

図 **2.10** テブナンの定理の証明

図 2.10 (a) の回路の R と直列に電源 V_{eq} を挿入した図 2.10 (b) の回路を考える。R が存在しないときの 1–1′ 間の電圧が V_{eq} なので，この回路の抵抗 R には電流は流れない。すなわち，次式が成り立つ。

$$i' = 0 \tag{2.7}$$

図 2.9 (a) の回路の R と直列に電源 V_{eq} を挿入し，N 内の電源をすべてゼロとした図 2.10 (c) の回路を考える。R と V_{eq} が存在しないときの 1–1′ 間の抵抗が R_{eq} なので，R を流れる電流は次式で与えられる。

$$-i'' = \frac{V_{eq}}{R_{eq} + R} \tag{2.8}$$

図 2.10 (b) の回路の R を流れる電流が i'，図 2.10 (b) の回路の N 内の電源をゼロとしたときに R を流れる電流が i''，図 2.10 (b) の回路の V_{eq} をゼロとしたときに R を流れる電流が i なので，重ねの理より次式が成り立つ。

$$i' = i'' + i \tag{2.9}$$

式 (2.9), (2.8), (2.7) より，目的である式 (2.6) が得られる。 □

章 末 問 題

【1】 図 2.11 の回路の網路電流 i に関する網路方程式を導出せよ。また，$r_1 = r_2 = r_3 \equiv r$，$E_1 = E_2 = E_3 \equiv E$ のときの i を求めよ。

【2】 図 2.12 の回路の節点電圧 v に関する節点方程式を導出し，v を求めよ。ただし，g_1 と g_2 はコンダクタンスである。

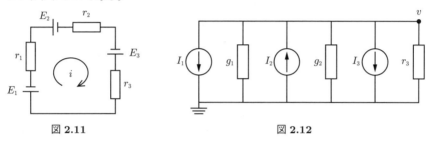

図 2.11　　　　　　図 2.12

【3】 図 2.13 の回路の網路電流 i_1, i_2 に関する網路方程式を導出し，i_2 を求めよ。また，$R = 3r/2$ のとき R で消費する電力を求めよ。

【4】 図 2.14 の回路で，節点電圧 v_1 と v_2 に関する節点方程式を導出し，v_1 と v_2 を求めよ。

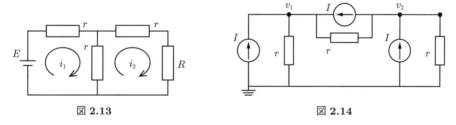

図 2.13　　　　　　図 2.14

【5】 図 2.15 の回路で $r_\circ$ を開放したとき，網路電流 i_1, i_2 に関する網路方程式を導出し，i_2 を求めよ。また，1–1′ より左側のテブナンの等価回路を求めよ。

【6】 図 2.16 の回路で抵抗 R をショートしたとき，節点電圧 v_1, v_2 に関する節点方程式を導出し，v_1 を求めよ。ただし，g はコンダクタンスである。また，1–1′ より左側のノートンの等価回路を求めよ。

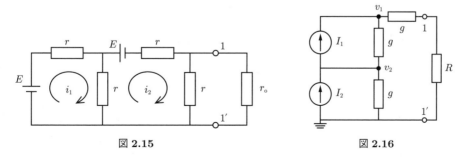

図 2.15　　　　　　図 2.16

3 キャパシタとインダクタを含む回路

　電気回路を構成する基本素子は抵抗，キャパシタ，インダクタの3種類である。本章ではキャパシタ，インダクタの素子特性を説明する。キャパシタは，電荷を蓄えることができる素子である。インダクタは，磁束を蓄えることができる素子である。その磁束が時間に対して変化すると，起電力を誘導する。抵抗，キャパシタ，インダクタの各素子の特性は素子に印加される電圧と流れる電流との関係式で表されることを理解する。

3.1 キャパシタ

　キャパシタ (capacitor)[†]は，基本的に2枚の金属電極とこれらがたがいに絶縁するように挟まれた絶縁物で構成される内部構造を有する。2枚の金属電極間は電気を通さない絶縁物で絶縁されているため，電気を通すことはない。このためキャパシタの回路図記号は**図 3.1**に示すようなたがいに板が離れたような記号を用いる。キャパシタの電極間では電荷は移動しないが，電極に電荷が蓄えられる。すなわち，キャパシタは電荷を蓄える素子であり，電気エネルギーを電気のまま蓄えることができる。

図 3.1 キャパシタの回路図記号

　電極間では電荷が移動できないことから，直流では電流が流れないが，交流では電極に電荷が流入と流出を繰り返すことから，交流では電流が流れるとみなせる。

　時間 t でキャパシタに蓄えられる電荷の量を $q(t)$，キャパシタ両端に加えられる電位差を $v(t)$ とすると，q と v の間ではつぎの関係式が成り立つ。

$$q(t) = Cv(t) \tag{3.1}$$

式 (3.1) 中の $q(t)$ と $v(t)$ を結びつける比例定数 C を**キャパシタンス** (capacitance) もしくは静電容量といい，単位はファラド〔F〕である。1Vの電圧が加わった電極間で蓄えられた電荷量が1Cのときのキャパシタンスを1Fと定義する。キャパシタに蓄えられる電荷 $q(t)$ は，

[†] コンデンサともいう。

キャパシタに流れ込む電流 $i(t)$ によって変化する。キャパシタの電荷の変化の割合 $dq(t)/dt$ は電流 $i(t)$ に等しいのでつぎの関係式が成り立つ。

$$i(t) = \frac{dq(t)}{dt} \tag{3.2}$$

式 (3.1) の関係からキャパシタに流れ込む電流 $i(t)$ とキャパシタ両端の電位差 $v(t)$ の間にはつぎの関係式が成り立つ。

$$i(t) = \frac{dq(t)}{dt} = C\frac{dv(t)}{dt} \tag{3.3}$$

例題 3.1 図 3.2(a) に示す 1F のキャパシタに，図 3.2(b) に示すように，最初の 1 秒間 +1A の電流を流し，つぎの 1 秒間 −1A の電流を流した後，0A にした。初期電荷 $q(0)$ を 0 としたときのキャパシタ両端の電位差 $v(t)$ を図示せよ。

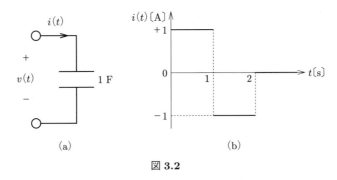

図 3.2

【解答】 キャパシタに $i(t)$ の電流が流れ込んだ場合，キャパシタ両端の電位差 $v(t)$ は

$$v(t) = \frac{q(t)}{C}, \quad q(t) = \int_0^t i(t)dt \tag{3.4}$$

であるので，図 3.2(b) に示すような電流 $i(t)$ が流れ込んだ場合，初期電荷を $q(0) = 0$ とするとキャパシタ両端の電位差 $v(t)$ は**図 3.3** のようになる。このように，キャパシタに流れ込む電流が不連続であっても $v(t)$（と $q(t)$）は連続である。これを**キャパシタ電圧の連続性** (continuity property of capacitor voltage) という。

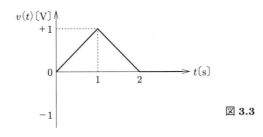

図 3.3

◇

3.2 合成キャパシタンス

3個のキャパシタを図 3.4 に示すように直列に接続させた場合を考える。3個のキャパシタのキャパシタンスをそれぞれ C_1, C_2, C_3 とし，電流 $i(t)$ が流れ込んだとすると，それぞれのキャパシタの両端の電圧 $v_1(t), v_2(t), v_3(t)$ は式 (3.4) より

$$v_1(t) = \frac{1}{C_1}\int_{-\infty}^{t} i(t)dt, \quad v_2(t) = \frac{1}{C_2}\int_{-\infty}^{t} i(t)dt, \quad v_3(t) = \frac{1}{C_3}\int_{-\infty}^{t} i(t)dt$$

となる。全体の電圧 $v(t)$ は $v_1(t), v_2(t), v_3(t)$ を足し合わせたものなので

$$\begin{aligned} v(t) &= v_1(t) + v_2(t) + v_3(t) = \left(\frac{1}{C_1} + \frac{1}{C_2} + \frac{1}{C_3}\right)\int_{-\infty}^{t} i(t)dt \\ &= \frac{1}{C}\int_{-\infty}^{t} i(t)dt \end{aligned} \tag{3.5}$$

となる。ここで，C を合成キャパシタンスと呼ぶ。

図 3.4 キャパシタの直列接続

n 個のキャパシタが直列に接続した際の合成キャパシタンス C はそれぞれのキャパシタのキャパシタンスを C_k とすると

$$\frac{1}{C} = \frac{1}{C_1} + \frac{1}{C_2} + \frac{1}{C_3} + \cdots + \frac{1}{C_n} \tag{3.6}$$

$$C = \frac{1}{\frac{1}{C_1} + \frac{1}{C_2} + \frac{1}{C_3} + \cdots + \frac{1}{C_n}} \tag{3.7}$$

となり，キャパシタの直列接続では合成キャパシタンス C の逆数は各キャパシタンスの逆数の和となる。

つぎに，3個のキャパシタを図 3.5 に示すように並列に接続させた場合を考える。並列であるので，それぞれのキャパシタには同じ電圧 $v(t)$ が印加される。その結果，各キャパシタにはそれぞれ電荷 $q_1(t), q_2(t), q_3(t)$ が蓄えられる。

$$q_1(t) = C_1 v(t), \quad q_2 = C_2 v(t), \quad q_3 = C_3 v(t) \tag{3.8}$$

したがって，全体で蓄えられる電荷 $q(t)$ は

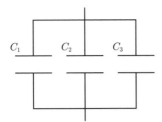

図 3.5 キャパシタの並列接続

$$q(t) = q_1(t) + q_2(t) + q_3(t) = C_1 v(t) + C_2 v(t) + C_3 v(t) = (C_1 + C_2 + C_3)v(t)$$
$$= Cv(t) \tag{3.9}$$

となる。

よって，n 個のキャパシタを並列に接続した際の合成キャパシタンス C はそれぞれのキャパシタのキャパシタンスを C_k とすると

$$C = C_1 + C_2 + C_3 + \cdots + C_n \tag{3.10}$$

となり，キャパシタの並列接続では合成キャパシタンス C は各キャパシタンスの和である。

例題 3.2 $1\,\mu\mathrm{F}$, $2\,\mu\mathrm{F}$, $3\,\mu\mathrm{F}$ の3個のキャパシタを図 3.6 のように接続した。各合成キャパシタンスを求めよ。

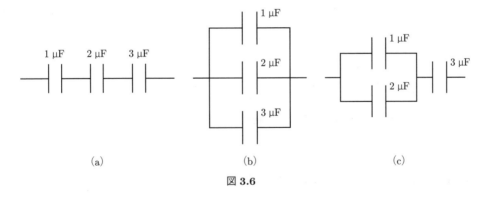

図 3.6

【解答】

(a) $C = \dfrac{1}{\dfrac{1}{1} + \dfrac{1}{2} + \dfrac{1}{3}} = \dfrac{1}{\dfrac{11}{6}} = \dfrac{6}{11}\,\mu\mathrm{F}$

(b) $C = 1 + 2 + 3 = 6\,\mu\mathrm{F}$

(c) $1\,\mu\mathrm{F}$ と $2\,\mu\mathrm{F}$ のキャパシタが並列に接続している部分の合成キャパシタンス C' は

$C' = 1 + 2 = 3\,\mu\mathrm{F}$

であり、この C' と $3\,\mu\mathrm{F}$ のキャパシタが直列に接続しているので、つぎのように求められる。

$$C = \frac{1}{\frac{1}{C'} + \frac{1}{3}} = \frac{1}{\frac{2}{3}} = \frac{3}{2}\,\mu\mathrm{F}$$

3.3 キャパシタに蓄えられるエネルギー

キャパシタに流れ込む電流が $i(t)$、キャパシタ両端の電位差が $v(t)$ であるとき、キャパシタで消費される電力 $p(t)$ は

$$p(t) = v(t) \cdot i(t) \tag{3.11}$$

となる。よって、$t=0$ から $t=T$ までの間にキャパシタでなされた仕事量 $W(T)$ は

$$W(T) = \int_0^T p(t)dt = \int_0^T v(t) \cdot i(t)dt \tag{3.12}$$

である。式 (3.2) より $i(t)dt = dq(t)$ であり、式 (3.1) より $v(t) = q(t)/C$ である。$q(0) = 0$ とすると $t = T$ までのキャパシタでなされた仕事量 $W(T)$ は

$$W(T) = \int_0^{q(T)} \frac{q(t)}{C} dq(t) = \frac{q^2(T)}{2C} = \frac{1}{2}Cv^2(T) \tag{3.13}$$

で表される。これがキャパシタに蓄えられるエネルギーであり、$W(T)$ の単位はジュール〔J〕である。

例題 3.3 両端の電位差が V〔V〕であるように充電されているキャパシタンスが C〔F〕のキャパシタと、まったく充電されていないキャパシタンスが $C/3$〔F〕のキャパシタがある。これら二つのキャパシタを並列に接続した際の、合成キャパシタに蓄えられるエネルギーを求めよ。

【解答】 両端の電位差が V〔V〕であるように充電されている C〔F〕のキャパシタに蓄えられている電荷 Q は

$$Q = CV \tag{3.14}$$

である。さらに、並列に接続された二つのキャパシタの合成キャパシタ C_{com} は次式となる。

$$C_{\mathrm{com}} = C + \frac{1}{3}C = \frac{4}{3}C \tag{3.15}$$

並列接続後も蓄えられている電荷の総量は変化しないので、蓄えられているエネルギー W は

$$W = \frac{1}{2} \cdot \frac{Q^2}{\frac{4}{3}C} = \frac{3}{8}CV^2 \;\text{〔J〕} \tag{3.16}$$

である。

3.4 インダクタ

インダクタ (inductor)†は基本的に，鉄やプラスチック等の芯に導線を巻き付けた構造をしており，芯が存在しない空芯のものも存在する。インダクタの回路図記号は**図 3.7** に示すような線が巻かれているイメージの記号を用いる。

図 **3.7** インダクタの回路図記号

インダクタに電流が流れると磁力線が発生し，磁界ができる。この磁界の強さはインダクタを流れる電流の大きさに比例する。インダクタには，流れる電流で発生する磁束がエネルギーとして蓄えられ，これは電気エネルギーを磁気エネルギーに変換して蓄えるといえる。

空芯のインダクタで発生する磁界の強さに比例する磁束は，インダクタの巻線数とインダクタを流れる電流に比例する。空芯のインダクタの巻線数を N，磁束を $\phi(t)$，インダクタを流れる電流を $i(t)$ とすると，N と $\phi(t)$，$i(t)$ の間ではつぎの関係式が成り立つ。

$$N\phi(t) = Li(t) \tag{3.17}$$

式 (3.17) 中の $N\phi(t)$ と $i(t)$ を結びつける比例定数 L を**インダクタンス** (inductance) といい，単位はヘンリー〔H〕という。

ファラデーの電磁誘導法則から巻線数 N のインダクタの両端に生じる電位差 $v(t)$ は

$$v(t) = N\frac{d\phi(t)}{dt} \tag{3.18}$$

であり，$N\phi(t) = Li(t)$ であるので，空芯のインダクタを流れる電流 $i(t)$ と両端に生じる電位差 $v(t)$ の関係は

$$v(t) = L\frac{di(t)}{dt} \tag{3.19}$$

となる。

例題 3.4 図 3.8 (a) に示す 1 H のインダクタに，図 3.8 (b) に示すように，最初の 1 秒間 +1 V の電圧を印加し，つぎの 1 秒間 −1 V の電圧を印加した後，0 V にした。初期電流 $i(0)$ を 0 としたときのインダクタを流れる電流 $i(t)$ を図示せよ。

---

† コイルともいう。

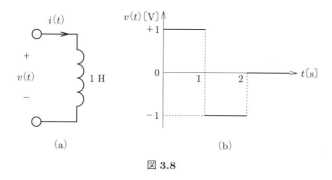

図 3.8

【解答】 インダクタに $v(t)$ の電圧を印加した場合，インダクタを流れる電流 $i(t)$ は

$$i(t) = \frac{\phi(t)}{L}, \quad \phi(t) = \int_0^t v(t)dt \tag{3.20}$$

であるので，図 3.8 (b) に示すような電圧 $v(t)$ が印加された場合，初期電流を $i(0) = 0$ とするとインダクタを流れる電流 $i(t)$ は**図 3.9** のようになる。このように，インダクタに印加される電圧が不連続であっても $i(t)$（と $\phi(t)$）は連続である。これを**インダクタ電流の連続性** (continuity property of inductor current) という。

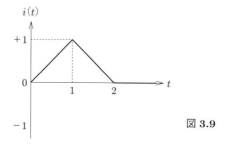

図 3.9

◇

3.5 合成インダクタンス

インダクタを図 **3.10** に示すように直列に接続させた場合を考える。3 個のインダクタのインダクタンスをそれぞれ L_1, L_2, L_3 とし，電流 $i(t)$ が流れたとすると，それぞれのインダクタの両端の電圧 $v_1(t), v_2(t), v_3(t)$ は式 (3.19) より

$$v_1(t) = L_1 \frac{di(t)}{dt}, \quad v_2(t) = L_2 \frac{di(t)}{dt}, \quad v_3(t) = L_3 \frac{di(t)}{dt}$$

となる。全体の電圧 $v(t)$ は $v_1(t), v_2(t), v_3(t)$ を加えたものなので

3.5 合成インダクタンス

$$v(t) = v_1(t) + v_2(t) + v_3(t) = (L_1 + L_2 + L_3)\frac{di(t)}{dt} = L\frac{di(t)}{dt} \tag{3.21}$$

となる。ここで，L を合成インダクタンスと呼ぶ。

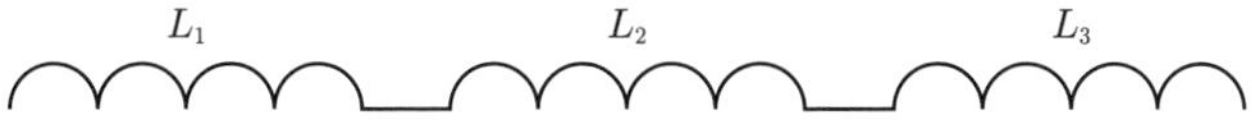

図 3.10 インダクタの直列接続

n 個のインダクタを直列に接続した際の合成インダクタンス L はそれぞれのインダクタのインダクタンスを L_k とすると

$$L = L_1 + L_2 + L_3 + \cdots + L_n \tag{3.22}$$

となり，インダクタの直列接続では合成インダクタンス L は各インダクタンスの和である。

つぎに，3 個のインダクタを**図 3.11** に示すように並列に接続させた場合を考える。3 個のインダクタンスのインダクタをそれぞれ L_1, L_2, L_3 とし，電圧 $v(t)$ が印加された際のそれぞれのインダクタに流れる電流 $i_1(t), i_2(t), i_3(t)$ は式 (3.20) より

$$i_1(t) = \frac{1}{L_1}\int_{-\infty}^{t} v(t)dt, \quad i_2(t) = \frac{1}{L_2}\int_{-\infty}^{t} v(t)dt, \quad i_3(t) = \frac{1}{L_3}\int_{-\infty}^{t} v(t)dt$$

となる。

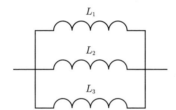

図 3.11 インダクタの並列接続

全体の電圧 $i(t)$ は $i_1(t), i_2(t), i_3(t)$ を足し合わせたものなので

$$\begin{aligned}i(t) &= i_1(t) + i_2(t) + i_3(t) = \left(\frac{1}{L_1} + \frac{1}{L_2} + \frac{1}{L_3}\right)\int_{-\infty}^{t} v(t)dt \\ &= \frac{1}{L}\int_{-\infty}^{t} v(t)dt \end{aligned} \tag{3.23}$$

となる。

n 個のインダクタを並列に接続した際の合成インダクタンス L はそれぞれのインダクタのインダクタンスを L_k とすると

$$\frac{1}{L} = \frac{1}{L_1} + \frac{1}{L_2} + \frac{1}{L_3} + \cdots + \frac{1}{L_n} \tag{3.24}$$

$$L = \cfrac{1}{\cfrac{1}{L_1} + \cfrac{1}{L_2} + \cfrac{1}{L_3} + \cdots + \cfrac{1}{L_n}} \tag{3.25}$$

となり，インダクタの並列接続では合成インダクタンス L の逆数は各インダクタンスの逆数の和である。

例題 3.5 1 mH, 2 mH, 3 mH の 3 個のインダクタを図 3.12 のように接続した。各合成インダクタンスを求めよ。

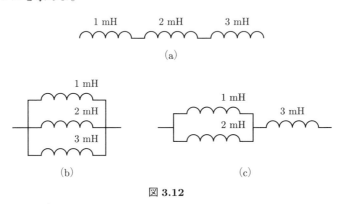

図 3.12

【解答】

(a)　$L = 1 + 2 + 3 = 6\,\text{mH}$

(b)　$L = \cfrac{1}{\cfrac{1}{1} + \cfrac{1}{2} + \cfrac{1}{3}} = \cfrac{1}{\cfrac{11}{6}} = \cfrac{6}{11}\,\text{mH}$

(c)　1 mH と 2 mH のインダクタが並列に接続している部分の合成インダクタンス L' は

$$L' = \cfrac{1}{\cfrac{1}{1} + \cfrac{1}{2}} = \cfrac{1}{\cfrac{3}{2}} = \cfrac{2}{3}\,\text{mH}$$

であり，この L' と 3 mH が直列に接続しているので，つぎのように求められる。

$$L = L' + 3 = \cfrac{11}{3}\,\text{mH}$$

◇

3.6　インダクタに蓄えられるエネルギー

インダクタを流れる電流が $i(t)$，インダクタ両端の電位差が $v(t)$ であるとき，インダクタで消費される電力 $p(t)$ は

$$p(t) = v(t) \cdot i(t) \tag{3.26}$$

であるので，$t=0$ から $t=T$ までの間にインダクタでなされた仕事量 $W(T)$ は

$$W(T) = \int_0^T p(t)dt = \int_0^T v(t) \cdot i(t)dt \tag{3.27}$$

である。

式 (3.18) より $v(t)dt = Nd\phi(t)$ であり，式 (3.17) より $i(t) = N\phi(t)/L$ である。$\phi(0) = 0$ とすると $t = T$ までのインダクタでなされた仕事量 $W(T)$ は

$$\begin{aligned} W(T) &= N \int_0^{\phi(T)} i(t)d\phi(t) = N^2 \int_0^{\phi(T)} \frac{\phi(t)}{L}d\phi(t) = \frac{N^2\phi^2(T)}{2L} \\ &= \frac{1}{2}Li^2(T) \end{aligned} \tag{3.28}$$

で表される。これがインダクタに蓄えられるエネルギーである。

例題 3.6 インダクタンスが $47\,\mu\mathrm{H}$ のインダクタに $6.0\,\mathrm{V}$ の直流電流を流した。この際インダクタに蓄えられるエネルギー W を求めよ。

【解答】 インダクタに蓄えられるエネルギー W は

$$W = \frac{1}{2}LI^2 \tag{3.29}$$

である。よって蓄えられているエネルギー W は

$$W = \frac{1}{2} \cdot 47 \times 10^{-3} \cdot 6^2 = 0.846\,\mathrm{J}$$

である。   ◇

3.7　RC回路の動作

図 3.13 のように，両端の電位差が $V_0\,[\mathrm{V}]$ に充電されているキャパシタンス C のキャパシタに，抵抗値 R の抵抗が接続されている場合を考える。$t=0$ でスイッチを閉じたとすると，キャパシタ C と抵抗 R は同電位である。

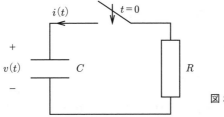

図 3.13　RC 回路

キャパシタ両端の電位差を $v(t)$,キャパシタに流れ込む電流を $i(t)$ とすると,抵抗 R を流れる電流 $i(t)$ の向きに注意して

$$v(t) = -R \cdot i(t) \tag{3.30}$$

である。キャパシタ C の両端の電位差 $v(t)$ と流れ込む電流 $i(t)$ は

$$i(t) = C \frac{dv(t)}{dt} \tag{3.31}$$

の関係があるので,式 (3.30) は以下のように書き直すことができる。

$$v(t) + RC\frac{dv(t)}{dt} = 0 \tag{3.32}$$

式 (3.32) は $v(t)$ とその微分 $dv(t)/dt$ の $-RC$ 倍したものがつねに等しい,すなわち $v(t)$ とこれを微分した形が等しいということを表している。このような関係を表す方程式を $v(t)$ の 1 階微分方程式という。微分方程式を満足する性質の関数は指数関数のみである。すなわち,式 (3.32) を満足する $v(t)$ は

$$v(t) = ke^{st} \tag{3.33}$$

という形をしている。そこで,式 (3.33) を式 (3.32) に代入すると次式が導ける。

$$ke^{st} + ksRCe^{st} = ke^{st}(1 + sRC) = 0 \tag{3.34}$$

k は任意定数である。ke^{st} が 0 になることはないので,式 (3.34) が成り立つためには

$$1 + sRC = 0 \tag{3.35}$$

でなければならない。式 (3.35) を**特性方程式** (characteristic equation) といい,特性方程式を満足する s を**特性根** (characteristic root) という。式 (3.35) の特性根は $s = -1/RC$ である。

以上から式 (3.32) を満足する $v(t)$ の形は

$$v(t) = k\exp\left(-\frac{t}{RC}\right) \tag{3.36}$$

となる†。式 (3.36) は $t = 0$ から成り立つので,$t = 0$ でのキャパシタの初期電位差を V_0 とすると,$v(0) = V_0$ ($k = V_0$) である。よって $v(t)$ は

$$v(t) = V_0 \exp\left(-\frac{t}{RC}\right) \tag{3.37}$$

であり,その概形は図 **3.14** のようになる。

---
† 本書の指数関数の表現は,指数が簡単な場合は e^x,指数が分数などになる場合は $\exp(x/y)$ を用いる。

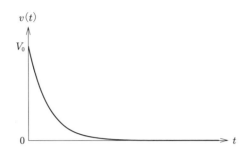

図 3.14　キャパシタの放電

例題 3.7　図 3.15 に示すような抵抗 $R\,[\Omega]$ とキャパシタ $C\,[\mathrm{F}]$ が直流電源 $E\,[\mathrm{V}]$ に接続している回路を考える。十分長い時間が経過した後，$t=0$ でスイッチを開いた。$t \geq 0$ でのキャパシタ C の両端の電位差 $v(t)$ を求めよ。

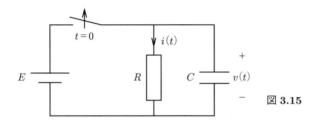

図 3.15

【解答】　十分長い時間が経過していることから，キャパシタは完全に充電されているとみなす。すなわち，$v(0)=E$ である。

つぎに，時間 t でのキャパシタ C の両端の電位差を $v(t)$，抵抗 R を流れる電流を $i(t)$ とすると

$$-Ri(t)+v(t)=0 \tag{3.38}$$

である。抵抗を流れる電流 $i(t)$ とキャパシタの両端の電位差 $v(t)$ の関係は，向きに注意すると

$$i(t)=-C\frac{dv(t)}{dt} \tag{3.39}$$

である。したがって，式 (3.38) から $v(t)$ に関する微分方程式はつぎのとおりとなる。

$$RC\frac{dv(t)}{dt}+v(t)=0 \tag{3.40}$$

$v(t)=ke^{st}$ を代入すると式 (3.40) は

$$ke^{st}(sRC+1)=0 \tag{3.41}$$

であり，特性根は $s=-1/RC$ である。また，$v(0)=E$ より $k=E$。したがって，キャパシタの両端の電位差 $v(t)$ は

$$v(t)=E\exp\left(-\frac{t}{RC}\right)\quad[\mathrm{V}] \tag{3.42}$$

である。　　　　　　　　　　　　　　　　　　　　　　　　　　　　　　◇

3.8 初期値，DC定常解，時定数

前節で直流電源を含んだRC回路のキャパシタの電圧 $v(t)$ の変化は微分方程式で記述できることについて考えた。電圧 $v(t)$ の微分 $dv(t)/dt$ は，電圧の変化量を表しており，この値が 0，すなわち

$$\frac{dv(t)}{dt} = 0 \tag{3.43}$$

を満足する $v(t) = v_{ep}$ を**平衡点** (equilibrium point) という。あるいは例えば，式 (3.32) で $dv(t)/dt = 0$ となるのは $v(t) = 0$ のときである。**直流電源** (direct–current power source)，抵抗，キャパシタで構成される回路の電圧は，$t = 0$ のときの値である**初期値** (initial value) $v(0)$ から出発して平衡点へ収束する。このとき，回路では $v(t) = v_{ep}$ が観測されるので，平衡点 v_{ep} を **DC定常解** (DC stationary solution) という。

ここで，図 **3.16** に示す回路のキャパシタ電圧 v とインダクタ電流 i が時間に対してどのように変化するかを考える。図中の N_1 と N_2 は，は直流電源と抵抗で構成された回路である。電源と抵抗の個数はおのおのいくつあってもかまわない。図 3.16 (a) の回路の電圧源 E と抵抗 R は，N_1 のテブナンの等価回路を構成するとみなすことができる。また，図 3.16 (b) の回路の電流源 I とコンダクタンス G は，N_2 のノートンの等価回路を構成するとみなすことができる。すなわち，図 (a) の回路の $v(t)$ を求めることは，任意の個数の直流電源，任意の個数の抵抗，一つのキャパシタで構成されるほとんどすべての回路の $v(t)$ を求めることに対応する。一方で，図 (b) の回路の i を求めることは，任意の個数の直流電源，任意の個数の抵抗，一つのインダクタで構成されるほとんどすべての回路の i を求めることに対応する。

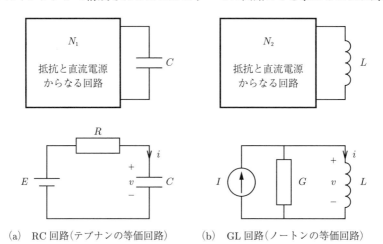

(a) RC回路(テブナンの等価回路)　　(b) GL回路(ノートンの等価回路)

図 **3.16** 一つのメモリ素子と直流電源を含む回路

図 3.16 (a) の回路に KVL を適用すると

$$-E + Ri(t) + v(t) = 0 \tag{3.44}$$

である。キャパシタでは $i(t) = C\dfrac{dv(t)}{dt}$ であることに注意すると

$$RC\frac{dv(t)}{dt} + v(t) = E \tag{3.45}$$

という微分方程式が得られる。この回路の定常状態は $v(t) = E$ である。初期電圧を $v(0)$ とすると，式 (3.45) の解は次式のようになる。

$$v(t) = (v(0) - E)\exp\left(-\frac{t}{RC}\right) + E \tag{3.46}$$

証明　$t = 0$ で，式 (3.46) は $v(t) = v(0)$ となり，初期条件を満たす。$t > 0$ で，式 (3.46) とその微分は式 (3.45) を満たす。

$$\begin{aligned} RC\frac{dv(t)}{dt} + v(t) &= RC\left(-\frac{1}{RC}(v(0) - E)\exp\left(-\frac{t}{RC}\right)\right) + (v(0) - E)\exp\left(-\frac{t}{RC}\right) + E \\ &= E \end{aligned}$$

□

同様に図 3.16 (b) に KCL を適用すると

$$-I + Gv(t) + i(t) = 0 \tag{3.47}$$

が得られ，インダクタでは $v(t) = L\dfrac{di(t)}{dt}$ であることに注意すると

$$GL\frac{di(t)}{dt} + i(t) = I \tag{3.48}$$

となる。この回路の定常状態は $i(t) = I$ である。初期電流を $i(0)$ とすると，式 (3.48) の解は

$$i(t) = (i(0) - I)\exp\left(-\frac{t}{GL}\right) + I \tag{3.49}$$

が得られる。

　以上のように微分方程式で記述される直流電源と一つのメモリ素子で構成される回路では初期値によらず DC 定常解に収束する。その収束は $\exp(-t/RC)$ もしくは $\exp(-t/GL)$ による。$1/RC$ もしくは $1/GL$ は時間スケールを変化させる定数であることがわかる。そこで，このような回路の場合 RC もしくは GL を**時定数**（time constant）という。$RC\dfrac{dv(t)}{dt}$ は電圧の次元〔V〕をもつので，時定数 RC は時間の次元〔s〕をもつことがわかる。

　時定数によって収束が異なる様子を図 **3.17** に示す。なお，時定数と定常解との関係は図

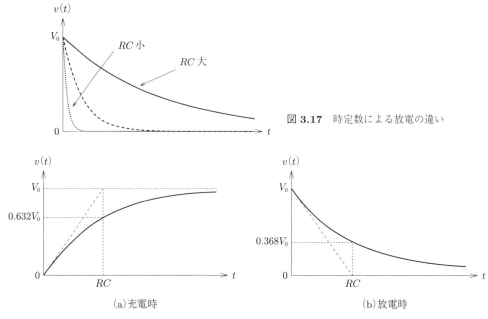

図 3.17 時定数による放電の違い

(a) 充電時

(b) 放電時

図 3.18 時定数と入力電圧との関係

3.18 のような関係があるため，RC 回路では入力電圧の約 63.2% の電圧が時定数における電圧に等しい。

例題 3.8 図 3.19 に示すような抵抗 R〔Ω〕とキャパシタ C〔F〕が直流電源 E〔V〕に直列接続している回路を考える。$t=0$ でキャパシタには両端の電位差 $v(0)$ が V_0 となる電荷が蓄えられていたとする。$t=0$ でスイッチを閉じたとして $t \geq 0$ で，キャパシタ C 両端の電位差 $v(t)$ を求め，図示せよ。

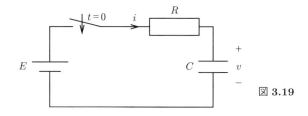

図 3.19

【解答】 時間 t でのキャパシタ C の両端の電位差を $v(t)$，抵抗 R を流れる電流を $i(t)$ とすると

$$Ri(t) + v(t) = E \tag{3.50}$$

である。抵抗を流れる電流 $i(t)$ とキャパシタに流れ込む電流 $C\dfrac{dv(t)}{dt}$ は等しいので

$$i(t) = C\frac{dv(t)}{dt} \tag{3.51}$$

である。したがって，式 (3.50) から $v(t)$ に関する微分方程式はつぎのとおりとなる。

$$RC\frac{dv(t)}{dt} + v(t) = E \tag{3.52}$$

初期値が $v(0) = V_0$，定常解が $v(t) = E$ であることに注意すると，式 (3.52) の解は

$$v(t) = (V_0 - E)\exp\left(-\frac{t}{RC}\right) + E \tag{3.53}$$

である。式 (3.53) で示される $v(0) = 0$ と $v(0) = V_0$ の場合の $v(t)$ を図示すると図 **3.20** のようになる。

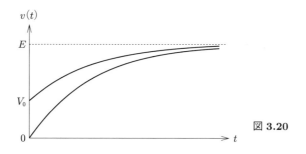

図 **3.20**

◇

以上，キャパシタ電圧 $v(t)$ とインダクタ電流 $i(t)$ が時間 t に対してどのように変化するかを考察した。

ここで，本書で用いている記号や数値について注意する。まず，微分方程式の従属変数である $v(t)$ と $i(t)$ は，時間 t を省略して，v, i と記述する場合がある。単位については，R, L, C などの記号を用いた場合は省略し，数値が与えられた場合は，$R = 1\,\text{k}\Omega$, $L = 1\,\text{H}$, $C = 1\,\mu\text{F}$ などと記述することにする。計算の便宜のため，$1\,\Omega$, $1\,\text{F}$ などの値を示す場合もあるが，これらの値は現実的ではない。実際の回路では，$1\,\Omega$ は小さすぎる値で，$1\,\text{k}\Omega$ は適当な値，$1\,\text{F}$ は大きすぎる値で，$1\,\mu\text{F}$ は適当な値である。

章　末　問　題

【1】 図 **3.21** に示すキャパシタの合成キャパシタンスを求めよ。

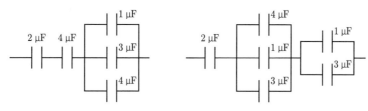

図 **3.21**

【2】 図 3.22 に示すインダクタの合成インダクタンスを求めよ．

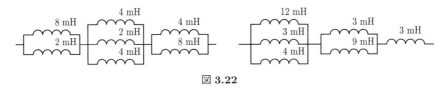
図 3.22

【3】 4.7 µF のキャパシタに印加する電圧 $v(t)$ が図 3.23 のように変化するとき，キャパシタに流れ込む電流 $i(t)$ を求め図示せよ．また，電荷 $q(t)$ の変化も図示せよ．

【4】 100 mH のインダクタに図 3.24 のように変化する電流 $i(t)$ を流した際にインダクタ両端に発生する電位差 $v(t)$ を求め図示せよ．

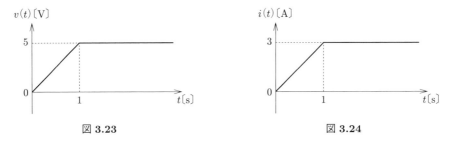

図 3.23　　　　　　　　　　　図 3.24

【5】 1 nF のキャパシタに 2.5 V の直流電圧を 1 秒間に 10^9 回 on と off を繰り返し，充放電しているとする．このときの消費電力を求めよ

【6】 図 3.25 に示すような 10 kΩ の抵抗と 0.1 µF のキャパシタが 1.5 V の直流電圧源に接続している回路を考える．十分長い時間が経過した後，$t=0$ でスイッチを閉じた．$t \geq 0$ でのキャパシタ両端の電位差 $v(t)$ を求め図示せよ（$v(t) = 0.948\,\mathrm{V}$ となる時間を示すこと）．

【7】 図 3.26 に示すような 2 kΩ の抵抗と 100 mH のインダクタが 1.5 V の直流電圧源に接続している回路を考える．十分長い時間が経過した後，$t=0$ でスイッチを閉じた．$t \geq 0$ で回路に流れる電流 $i(t)$ を求め図示せよ（$i(t) = 474\,\mathrm{µA}$ となる時間を示すこと）．

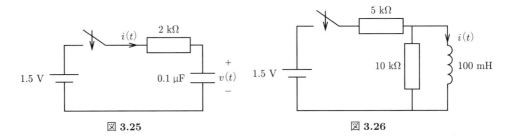

図 3.25　　　　　　　　　　　図 3.26

4 正弦波定常状態の解析

　正弦波電源，抵抗，キャパシタ，インダクタで構成される回路の電圧と電流は，定常状態では正弦波に落ち着く。この正弦波定常解を簡単に求める方法を学ぶ。その方法はフェーザ法と呼ばれ，エネルギー供給用回路，通信用回路など，さまざまな回路の解析や設計の基礎として重要である。

4.1　正 弦 波 電 源

　正弦波電源 (sinusoidal wave power source) は三角関数を用いて，以下のように記述される。

$$\text{電圧源：} e(t) = E\sin(\omega t + \phi_s), \quad \text{電流源：} i(t) = J\sin(\omega t + \phi'_s) \tag{4.1}$$

$$\text{電圧源：} e(t) = E\cos(\omega t + \phi_c), \quad \text{電流源：} i(t) = J\cos(\omega t + \phi'_c) \tag{4.2}$$

図 **4.1** に電圧源の波形を示す。ω は**角周波数** (angular frequency) で単位は [rad/s]，E は**振幅** (amplitude) で単位は [V]，ϕ_c と ϕ_s は**位相** (phase) で単位は [rad] である。ただし，$0 \leq \phi_c < 2\pi, 0 \leq \phi_s < 2\pi$ とする。正弦波の**周期** (period) は $T = 2\pi/\omega$ [s] で与えられる。電流源についても同様である。以降では単位を省略する場合もある。

　この波形は，エネルギー供給用回路では**交流電源** (alternating-current power source)，情

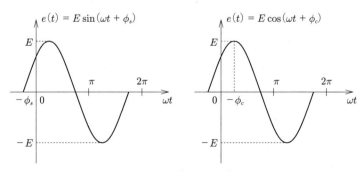

図 **4.1**　正弦波電源の波形

報通信用回路では音声信号の基本波などに対応する。ここで，$\phi_s - \phi_c = \pi/2$ とすれば，式 (4.2) と式 (4.1) は一致するので，正弦波の表現には，cos と sin のどちらを用いてもよいことに注意する。本書では，両者を用いる。

図 **4.2** に示すように，一つの正弦波電源を含む回路を考える。この正弦波電源が交流電源を表す場合，ω は固定された値となる（日本では，$\omega = 100\pi$ か 120π）。しかし，さまざまな回路の動作を考察するためには，角周波数 ω を変数としたほうが都合がよい。例えば，音声信号を扱う回路では，回路の動作が ω に依存して変化し，その変化の様子を把握することは回路を設計するために非常に重要となる。本章では，ω は固定された値ではなく，変数として考えることにする。正弦波電源が交流電源に対応する場合の回路の電力やエネルギーについては，5 章で説明する。

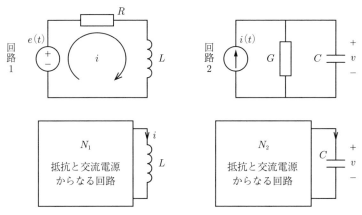

図 4.2 一つのメモリ素子と正弦波電源を含む回路
$e(t) = E\cos(\omega t + \phi_c)$, $i(t) = J\sin(\omega t + \phi_s)$

正弦波電源と抵抗によって構成される回路は代数方程式で記述され，直流電源を含む場合と同様に解析することができる。しかし，回路がキャパシタやインダクタを含むと，回路の動作は微分方程式で記述される。その回路の解析をできるだけ簡潔に行う方法について考える。

図 4.2 の回路で，回路 1 のインダクタ電流 i と，回路 2 のキャパシタ電圧 v が時間に対してどのように変化するかを考える。ここで，「回路 1 は N_1 をテブナンの等価回路に置き換えたもの」，「回路 2 は N_2 をノートンの等価回路に置き換えたもの」とみなすことができることに注意する。ただし，N_1 と N_2 は角周波数 ω の正弦波電源と抵抗で構成された回路である。正弦波電源と抵抗の個数はおのおのいくつあってもかまわない。すなわち，回路 1 の i を求めることは，任意の個数の正弦波電源，任意の個数の抵抗，一つのインダクタで構成されるほとんどすべての回路の i を求めることに対応する。一方で，回路 2 の v を求めることは，任意の個数の正弦波電源，任意の個数の抵抗，一つのキャパシタで構成されるほとんど

すべての回路の v を求めることに対応する。

回路1にKVL, 回路2にKCLを適用すると

回路1： $-e(t) + Ri + L\dfrac{di}{dt} = 0$

回路2： $-i(t) + Gv + C\dfrac{dv}{dt} = 0$

となり，回路を記述する微分方程式は以下のようになる。

回路1： $L\dfrac{di}{dt} + Ri = E\cos(\omega t + \phi_c)$ (4.3)

回路2： $C\dfrac{dv}{dt} + Gv = J\sin(\omega t + \phi_s)$ (4.4)

ただし，回路1は電圧源を $\cos$ で表し，回路2は電流源を $\sin$ で表している。初期条件（$t=0$ で $i=i(0)$）を満たす式 (4.3) の解は次式で与えられる。

$$\left.\begin{aligned}&i(t) = k\exp\left(-\frac{R}{L}t\right) + A\cos(\omega t + \theta_c)\\&k = i(0) - A\cos\theta_c, \quad A \equiv \frac{E}{\sqrt{R^2 + \omega^2 L^2}}, \quad \theta_c \equiv \phi_c - \tan^{-1}\frac{\omega L}{R}\end{aligned}\right\} \quad (4.5)$$

初期条件（$t=0$ で $v=v(0)$）を満たす式 (4.4) の解は次式で与えられる。

$$\left.\begin{aligned}&v(t) = k\exp\left(-\frac{G}{C}t\right) + A\sin(\omega t + \theta_s)\\&k = v(0) - A\sin\theta_s, \quad A \equiv \frac{J}{\sqrt{G^2 + \omega^2 C^2}}, \quad \theta_s \equiv \phi_s - \tan^{-1}\frac{\omega C}{G}\end{aligned}\right\} \quad (4.6)$$

証明 式 (4.5) を証明する。$t=0$ を式 (4.5) に代入すると，初期条件を満たすことがわかる。$t>0$ では，以下の計算により，式 (4.5) は式 (4.3) を満たすことがわかる。

$$\begin{aligned}&L\frac{di}{dt} + Ri\\&= L\left(-\frac{R}{L}k\exp\left(-\frac{R}{L}t\right) - \omega A\sin(\omega t + \theta_c)\right) + R\left(k\exp\left(-\frac{R}{L}t\right) + A\cos(\omega t + \theta_c)\right)\\&= A\sqrt{\omega^2 L^2 + R^2}\cos\left(\omega t + \theta_c + \tan^{-1}\frac{\omega L}{R}\right) = E\cos(\omega t + \phi_c)\end{aligned}$$

式 (4.6) を証明する。まず，$t=0$ を式 (4.6) に代入すると，初期条件を満たすことがわかる。$t>0$ では，以下の計算により，式 (4.6) は式 (4.4) を満たすことがわかる。

$$\begin{aligned}&C\frac{dv}{dt} + Gv\\&= C\left(-\frac{G}{C}k\exp\left(-\frac{G}{C}t\right) + \omega A\cos(\omega t + \theta_s)\right) + G\left(k\exp\left(-\frac{G}{C}t\right) + A\sin(\omega t + \theta_s)\right)\\&= A\sqrt{\omega^2 C^2 + G^2}\sin\left(\omega t + \theta_s + \tan^{-1}\frac{\omega C}{G}\right) = J\sin(\omega t + \phi_s)\end{aligned}$$ □

ここで,式 (4.5) と式 (4.6) の解を,過渡解と定常解の二つの成分に分ける。
$$i(t) = i_t(t) + i_s(t)$$

過渡解:$i_t(t) = k\exp\left(-\dfrac{R}{L}t\right)$,　　定常解:$i_s(t) = A\cos(\omega t + \theta_c)$

$$v(t) = v_t(t) + v_s(t)$$

過渡解:$v_t(t) = k\exp\left(-\dfrac{G}{C}t\right)$,　　定常解:$v_s(t) = A\sin(\omega t + \theta_s)$

過渡解は時間 t が経過すると 0 に収束し,定常解が観測される。回路は正弦波電源を含むので,この定常解を正弦波定常解と呼び,この定常解が観測される状態を**正弦波定常状態** (sinusoidal steady state) と呼ぶ。

正弦波定常状態での回路の動作を,式 (4.3) や式 (4.4) のような微分方程式を用いて計算すると,非常に複雑となる場合が多い。次節ではその回路動作をできるだけ簡潔に計算する方法を説明する。

4.2　フェーザと微分方程式

正弦波の表現に cos を用いた場合と sin を用いた場合のおのおのについて説明する。結果として,両者が同じ内容であることが明らかになる。

〔**1**〕**cos を用いた場合**　　ある複素数 I を用いると,角周波数 ω の正弦波 $i(t)$ はつぎのように表すことができる。

$$\begin{aligned}i(t) &= |I|\cos(\omega t + \angle I) \\ &= \Re(|I|\cos(\omega t + \angle I) + j\sin(\omega t + \angle I)) = \Re(|I|e^{j(\omega t + \angle I)}) = \Re(Ie^{j\omega t})\end{aligned}$$

ここで,指数表示の複素数 $I = |I|e^{j\angle I}$ を,正弦波 $i(t)$ の**フェーザ** (phasor) と呼ぶこととする。I が求められれば,$i(t) = |I|\cos(\omega t + \angle I)$ と与えられる[†]。すなわち,振幅は絶対値 $|I|$,位相は偏角 $\angle I$ で与えられる(複素数の指数表示,絶対値,位相の定義は付録 A.2 節参照)。

いま,微分方程式 (4.3) が与えられたときに,その正弦波定常解を求める問題を考える。正弦波定常解は角周波数 ω の正弦波で,式 (4.3) を満たすので,$i_s(t) = \Re(Ie^{j\omega t})$ とおいて式 (4.3) に代入する。ここで,I は求めるべき未知の複素数である。

$$L\dfrac{d}{dt}\Re(Ie^{j\omega t}) + R\Re(Ie^{j\omega t}) = \Re(Ee^{j\phi_c}e^{j\omega t})$$

$$Lj\omega\Re(Ie^{j\omega t}) + R\Re(Ie^{j\omega t}) = \Re(j\omega LIe^{j\omega t}) + \Re(RIe^{j\omega t}) = \Re((j\omega LI + RI)e^{j\omega t})$$
$$= \Re(Ee^{j\phi_c}e^{j\omega t})$$

[†] 5 章で述べるように,$I/\sqrt{2} \equiv I_e$ をフェーザとする場合もある。

ただし，$E\cos(\omega t + \phi_c) = E\Re(Ee^{j\phi_c}e^{j\omega t})$ に注意する．これよりつぎのフェーザ方程式を得る．

$$j\omega LI + RI = Ee^{j\phi_c} \tag{4.7}$$

これを解くと $I = E/(R + j\omega L)$ となり，正弦波定常解が求められる．

$$i_s(t) = |I|\cos(\omega t + \angle I), \quad |I| = \frac{E}{\sqrt{R^2 + \omega^2 L^2}}, \quad \angle I = \phi_c - \tan^{-1}\frac{\omega L}{R} \tag{4.8}$$

このフェーザ I の導出過程で，$\Re$ と $e^{j\omega t}$ を省略してみると，式 (4.3) に

$$j\omega \leftarrow \frac{d}{dt}, \quad I \leftarrow i, \quad Ee^{j\phi_c} \leftarrow E\cos(\omega t + \phi_c) \tag{4.9}$$

の置き換えをすることによって，ただちにフェーザ方程式 (4.7) が得られることがわかる．

〔**2**〕 **sin を用いた場合**　　ある複素数 V を用いると，角周波数 ω の正弦波 $v(t)$ はつぎのように表すことができる．

$$\begin{aligned} v(t) &= |V|\sin(\omega t + \angle V) \\ &= \Im(|V|\cos(\omega t + \angle V) + j\sin(\omega t + \angle V)) = \Im(|V|e^{j(\omega t + \angle V)}) = \Im(Ve^{j\omega t}) \end{aligned}$$

ここで，$V = |V|e^{j\angle V}$ を，正弦波 $v(t)$ のフェーザと呼ぶこととする．V が求められれば，$v(t) = |V|\sin(\omega t + \angle V)$ と与えられる．

いま，微分方程式 (4.4) が与えられたときに，その正弦波定常解を求める問題を考える．正弦波定常解は角周波数 ω の正弦波で，式 (4.4) を満たすので，$v_s(t) = \Im(Ve^{j\omega t})$ とおいて式 (4.4) に代入する．V は求めるべき未知の複素数である．

$$\begin{aligned} C\frac{d}{dt}\Im(Ve^{j\omega t}) + G\Im(Ve^{j\omega t}) &= \Im(Ie^{j\phi_s}e^{j\omega t}) \\ Cj\omega\Im(Ve^{j\omega t}) + G\Im(Ve^{j\omega t}) &= \Im(j\omega CVe^{j\omega t}) + \Im(GVe^{j\omega t}) \\ &= \Im((j\omega CV + GV)e^{j\omega t}) = \Im(Je^{j\phi_s}e^{j\omega t}) \end{aligned}$$

ただし，$J\sin(\omega t + \phi_s) = \Im(Ie^{j\phi_s}e^{j\omega t})$ に注意する．これよりつぎのフェーザ方程式を得る．

$$j\omega CV + GV = Je^{j\phi_s} \tag{4.10}$$

これを解くと $V = J/(G + j\omega C)$ となり，正弦波定常解が求められる．

$$v_s(t) = |V|\sin(\omega t + \angle V), \quad |V| = \frac{I}{\sqrt{G^2 + \omega^2 C^2}}, \quad \angle V = \phi_s - \tan^{-1}\frac{\omega C}{G} \tag{4.11}$$

このフェーザ I の導出過程で，$\Im$ と $e^{j\omega t}$ を省略してみると，式 (4.4) に

4. 正弦波定常状態の解析

$$j\omega \leftarrow \frac{d}{dt}, \quad V \leftarrow v, \quad Je^{j\phi_s} \leftarrow J\sin(\omega t + \phi_s) \tag{4.12}$$

の置き換えをすることによって，ただちにフェーザ方程式 (4.10) が得られることがわかる。

以上の議論は，式 (4.3) や式 (4.4) で記述されるメモリ素子を一つ含む回路を対象としたものであるが，式 (4.9) や式 (4.12) の置き換えは，正弦波電源，抵抗，キャパシタ，インダクタによって構成される回路を記述するすべての微分方程式に対して有効である。このように，正弦波を複素数のフェーザ I や V に置き換えて正弦波定常解を求める方法は，**フェーザ法** (phasor method) と呼ばれる。正弦波電源を含む回路を記述する微分方程式に対するフェーザ法は，以下のようにまとめられる。

- **フェーザ法による微分方程式の正弦波定常解の導出**

(1) 回路内のすべての正弦波電源を cos か sin のどちらかで表現し，微分方程式をたてる。電源の cos 表現と sin 表現を混在させると不便である。

(2) 求めるべき電流 i あるいは電圧 v を，フェーザ I あるいは V に置き換える。

(3) 微分演算子 d/dt を $j\omega$ に置き換える。ただし，ω は正弦波の角周波数である。

(4) 正弦波電源項をフェーザに置き換える。

$\quad$ cos 表現の場合は $Je^{j\phi_c} \leftarrow J\cos(\omega t + \phi_c)$

$\quad$ sin 表現の場合は $Ee^{j\phi_s} \leftarrow E\sin(\omega t + \phi_s)$

(5) フェーザ方程式を解いて，I あるいは V を求める。

$\quad$ cos 表現では $|I|\cos(\omega t + \angle I)$

$\quad$ sin 表現では $|V|\sin(\omega t + \angle V)$ が正弦波定常解である

例題 4.1 つぎの方程式の正弦波定常解をフェーザ法で求めよ。

(1) $\dfrac{dx}{dt} + 2x = 2\cos\left(2t + \dfrac{\pi}{3}\right)$

(2) $\dfrac{dx}{dt} - 2x = 2\cos\left(2t + \dfrac{\pi}{3}\right)$

【解答】 (1) 正弦波定常解のフェーザを X_s とすると，式 (4.9) の置き換えにより

$$(2j)X_s + 2X_s = 2e^{j\pi/3}$$

となる。これを解いて

$$X_s = \frac{e^{j\pi/3}}{1 + 1j}$$

と求まる。したがって，正弦波定常解はつぎのようになる。

$$x_s = |X_s|\cos(2t + \angle X_s), \quad |X_s| = \frac{1}{\sqrt{2}}, \quad \angle X_s = \frac{\pi}{3} - \frac{\pi}{4}$$

(2) 正弦波定常解のフェーザを X_s とすると,式 (4.9) の置き換えにより

$$(2j)X_s - 2X_s = 2e^{j\pi/3}$$

となる。これを解いて

$$X_s = \frac{e^{j\pi/3}}{1 - 1j}$$

と求まる。したがって

$$x_s = |X_s|\cos(2t + \angle X_s), \quad |X_s| = \frac{1}{\sqrt{2}}, \quad \angle X_s = \frac{\pi}{3} + \frac{\pi}{4}$$

となる。しかし,この微分方程式の過渡解は $x_t = ke^{2t}$ であり,0 に収束しない。したがって,x_s は回路では観測できず,正弦波定常解は存在しない。

なお,RLC で構成される回路の過渡解は収束するが,7 章で学ぶ制御電源などを含む回路では,過渡解が収束しない場合がある。この場合は,「過渡解」という用語は適切ではない。　◇

4.3　インピーダンスとアドミタンス

ここでは,正弦波定常状態にある回路の電圧や電流を,抵抗回路網のように計算する方法について説明する。そのためには,正弦波定常状態において,回路素子の電圧と電流の関係を特徴づけるインピーダンスとアドミタンスの概念が重要である。

すでに学んだように,三つの基本素子の枝電圧 v と枝電流 i の関係は次式で与えられる。

$$\left.\begin{array}{ll} \text{抵　抗：} & v = Ri \quad (\text{コンダクタンス：} i = Gv) \\ \text{インダクタ：} & v = L\dfrac{di}{dt} \\ \text{キャパシタ：} & i = C\dfrac{dv}{dt} \end{array}\right\} \quad (4.13)$$

なお,抵抗 R とコンダクタンス G は,物理的に同じ素子の異なる表現であり,必要に応じて両者を使い分ける。抵抗では v と i は比例関係(オームの法則)にあるが,インダクタ L やキャパシタ C では v と i の関係式に微分が含まれている。しかし,以下で明らかになるように,正弦波定常状態では,インダクタやキャパシタを抵抗と同じように取り扱うことができる。おおざっぱにいえば,角周波数 ω の正弦波は微分しても角周波数 ω の正弦波であることがその理由である。

ある回路が角周波数 ω の正弦波電源で駆動されている場合,正弦波定常状態では,枝電流 i も枝電圧 v も角周波数 ω の正弦波となる。そのフェーザを I, V とする。

$$i(t) = \Re(Ie^{j\omega t}) = |I|\cos(\omega t + \angle I), \quad v(t) = \Re(Ve^{j\omega t}) = |V|\cos(\omega t + \angle V)$$
$$(4.14)$$

基本回路素子の I と V の関係を求めるために，式 (4.14) を式 (4.13) に代入すると

抵　抗： $\quad \Re(Ve^{j\omega t}) = R\Re(Ie^{j\omega t}) \qquad (V = RI)$

コンダクタンス： $\quad \Re(Ie^{j\omega t}) = G\Re(Ve^{j\omega t}) \qquad (I = GV)$

インダクタ： $\quad \Re(Ve^{j\omega t}) = L\dfrac{d}{dt}\Re(Ie^{j\omega t}) = \Re(j\omega L I e^{j\omega t}) \qquad (V = j\omega L I)$

キャパシタ： $\quad \Re(Ie^{j\omega t}) = C\dfrac{d}{dt}\Re(Ve^{j\omega t}) = \Re(j\omega C V e^{j\omega t}) \qquad (I = j\omega C V)$

$$(4.15)$$

となる。ここで

インピーダンス： $\quad Z(\omega) = \dfrac{V}{I}$

アドミタンス： $\quad Y(\omega) = \dfrac{I}{V}$

と定義する。**インピーダンス** (impedance) の単位はオーム〔Ω〕，**アドミタンス** (admittance) の単位はジーメンス〔S〕である。式 (4.15) より，基本回路素子のインピーダンスは以下のようになる。

抵　抗： $\quad Z_R = R \qquad \left(\text{コンダクタンス}: Z_G = \dfrac{1}{G}\right)$

インダクタ： $\quad Z_L(\omega) = j\omega L$

キャパシタ： $\quad Z_C(\omega) = \dfrac{1}{j\omega C} = -j\dfrac{1}{\omega C}$

Z_R は正の実数，Z_L は正の虚数，Z_C は負の虚数である。図 **4.3** に示すように，複素平面上では，Z_R は正実軸上，Z_L は正の虚軸上，Z_C は負の虚軸上にある。このようにインピーダンスを複素平面上の位置と対応づけると，回路を解析したり設計したりするときに便利である。

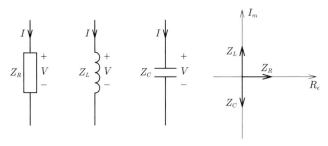

図 **4.3** インピーダンスと複素数平面
$Z_R = R$, $Z_L = j\omega L$, $Z_C = -j\dfrac{1}{\omega C}$

なお，図4.3では負の実軸上に存在するインピーダンスはないが，7章で学ぶ従属電源等を用いれば，負の実軸上に存在するインピーダンスを作ることができる。それによって回路の動作に多様性を与えることができる。

式 (4.15) より，基本回路素子のアドミタンスは以下のようになる。

抵　抗： $\quad Y_R = \dfrac{1}{R} \quad$ （コンダクタンス：$Y_G = G$）

インダクタ： $\quad Y_L(\omega) = \dfrac{1}{j\omega L} = -j\dfrac{1}{\omega L}$

キャパシタ： $\quad Y_C(\omega) = j\omega C$

ここで，インダクタやキャパシタのインピーダンスやアドミタンスは，角周波数 ω に依存していることに注意する。$Z_L(\omega)$ や $Y_C(\omega)$ のように ω の関数として記したのはそのためである。以下では簡単のため，ω を省略して，Z_L, Y_C などと記す場合もあるが，これらが ω に依存していることを忘れてはならない。

ここで，インピーダンスやアドミタンスの接続について述べる。図 4.4 (a) のように n 個のインピーダンスを直列接続すると，KVL より次式が成り立つ。

$$V = Z_1 I + Z_2 I + \cdots + Z_n I = (Z_1 + Z_2 + \cdots + Z_n) I$$

したがって，直列接続による合成インピーダンスは

$$Z = Z_1 + \cdots + Z_n$$

となる。$Y = 1/Z$ であるので，直列接続による合成アドミタンスは次式のようになる。

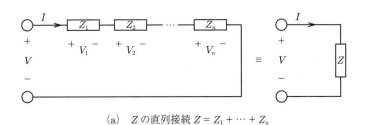

(a) Z の直列接続 $Z = Z_1 + \cdots + Z_n$

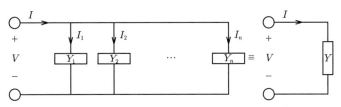

(b) Y の並列接続 $Y = Y_1 + \cdots + Y_n$

図 4.4　インピーダンスとアドミタンスの接続

$$\frac{1}{Y} = \frac{1}{Y_1} + \cdots + \frac{1}{Y_n}$$

図 4.4 (b) のように n 個のアドミタンスを並列接続すると，KCL より次式が成り立つ。

$$I = Y_1 V + Y_2 V + \cdots + Y_n V = (Y_1 + Y_2 + \cdots + Y_n)V$$

したがって，並列接続による合成アドミタンスは

$$Y = Y_1 + \cdots + Y_n$$

となる。$Z = 1/Y$ であるので，並列接続による合成インピーダンスは次式のようになる。

$$\frac{1}{Z} = \frac{1}{Z_1} + \cdots + \frac{1}{Z_n}$$

以上より，「回路素子を直列接続した場合はインピーダンスによる表現」，「並列接続した場合はアドミタンスによる表現」が便利なことがわかる。

4.4 インピーダンスとアドミタンスを用いた回路解析

インダクタやキャパシタを含む回路は，インピーダンスやアドミタンスを用いると，抵抗回路網のように解析することができる。微分方程式を導出しなくても，回路から直接正弦波定常解を求めることができる。このことを回路例で説明する。

図 4.5 (a) の回路は，先に考察した図 4.2 の回路 1 と同じであり，正弦波電圧源 $e(t) = E\cos(\omega t + \phi_c)$ を含む。正弦波定常状態での i をフェーザ法で回路から求めるには

$$Ee^{j\phi_c} \leftarrow e(t), \quad I \leftarrow i, \quad Z_L \leftarrow L$$

として，図 4.5 (b) の回路に置き換える。これをフェーザ回路と呼ぶ。KVL を適用すると

$$-Ee^{j\phi_c} + RI + Z_L I = 0, \quad Z_L = j\omega L \tag{4.16}$$

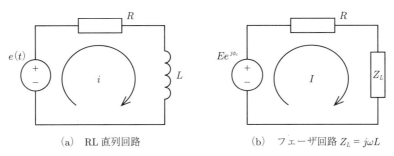

(a) RL 直列回路　　(b) フェーザ回路 $Z_L = j\omega L$

図 4.5 フェーザとインピーダンスを用いた回路解析

4.4 インピーダンスとアドミタンスを用いた回路解析

を得る。Iについて解くと

$$I = \frac{Ee^{j\phi_c}}{R + j\omega L}$$

となり、正弦波定常解が求められる。

$$i = |I|\cos(\omega t + \angle I), \quad |I| = \frac{E}{\sqrt{R^2 + \omega^2 L^2}}, \quad \angle I = \phi_c - \tan^{-1}\frac{\omega L}{R} \quad (4.17)$$

絶対値$|I|$が振幅、偏角$\angle I$が位相を与えている。式(4.17)は、微分方程式(4.3)にフェーザ法を適用して求めた式(4.8)の正弦波定常解と一致する。

図 4.6 (a) の回路は、先に考察した図 4.2 の回路 2 と同じであり、正弦波電流源$i(t) = J\sin(\omega t + \phi_s)$を含む。正弦波定常状態での$v$を求めるために

$$Je^{j\phi_s} \leftarrow i(t), \quad V \leftarrow v, \quad Y_C \leftarrow C$$

として、図 4.6 (b) のフェーザ回路に置き換える。KCLを適用すると

$$-Je^{j\phi_s} + GV + Y_C V = 0, \quad Y_C = j\omega C \quad (4.18)$$

を得る。これをVについて解くと

$$V = \frac{Je^{j\phi_s}}{G + j\omega C}$$

となり、正弦波定常解が求められる。

$$v = |V|\sin(\omega t + \angle V), \quad |V| = \frac{J}{\sqrt{G^2 + (\omega C)^2}}, \quad \angle V = \phi_s - \tan^{-1}\frac{\omega C}{G} \quad (4.19)$$

絶対値$|V|$が振幅、偏角$\angle V$が位相を与えている。式(4.19)は、微分方程式(4.4)にフェーザ法を適用して求めた式(4.11)の正弦波定常解と一致する。以上は、メモリ素子一つを含む場合を対象としているが、このような解析は、正弦波電源、抵抗、キャパシタ、インダクタで構成されるあらゆる回路に対して有効である。

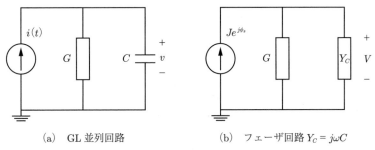

(a) GL 並列回路　　(b) フェーザ回路 $Y_C = j\omega C$

図 4.6 フェーザとアドミタンスを用いた回路解析

4. 正弦波定常状態の解析

● **双対な回路**　ここで，図 4.5 と図 4.6 のフェーザ回路を記述する方程式 (4.16) と式 (4.18) が同じ形をしていることに注意する。もととなる図 4.2 の回路 1 と回路 2 を記述する微分方程式 (4.3) と式 (4.4) も同じ形をしている。二つの回路の片方は，つぎの置き換えによってもう片方と一致することがわかる。

電圧源	枝電圧（節点電圧）	電荷	R	L	Z	直列
$\updownarrow$	$\updownarrow$	$\updownarrow$	$\updownarrow$	$\updownarrow$	$\updownarrow$	$\updownarrow$
電流源	枝電流（網路電流）	磁束	G	C	Y	並列

この置き換えによって一致する二つの回路をたがいに **双対** (dual) であるという。双対は回路はどちらか一方の動作がわかればもう一方の動作もわかる。

4.5　正弦波定常状態の網路方程式

図 4.7 (a) のように，正弦波電圧源 $e(t) = E\sin\omega t$，抵抗，キャパシタ，インダクタで構成される回路を考える。回路は正弦波状態にあるものとする。

$$E \leftarrow e(t), \quad I_1 \leftarrow i_1, \quad I_2 \leftarrow i_2, \quad Z_C \leftarrow C, \quad Z_L \leftarrow L$$

として，図 4.7 (b) のフェーザ回路に置き換える。二つの網路で KVL を適用すると，次式を得る。

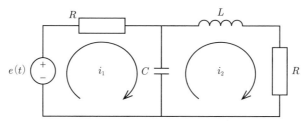

(a)　一つの正弦波電圧源を含む回路 ($e(t) = E\sin\omega t$)

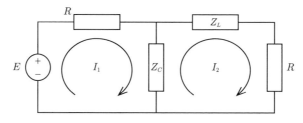

(b)　フェーザ回路 $\left(Z_C = \dfrac{1}{j\omega C},\ Z_L = j\omega L\right)$

図 4.7　網路解析

$$\left.\begin{array}{l}-E + RI_1 + Z_C(I_1 - I_2) = 0 \\ Z_C(I_2 - I_1) + Z_L I_2 + RI_2 = 0\end{array}\right\} \quad \text{ただし}, Z_C = \frac{1}{j\omega C}, \quad Z_L = j\omega L$$

これは，網路電流のフェーザ I_1, I_2 に関する網路方程式であり，行列を用いると以下のように表現できる．

$$\begin{bmatrix} R+Z_C & -Z_C \\ -Z_C & R+Z_L+Z_C \end{bmatrix} \begin{bmatrix} I_1 \\ I_2 \end{bmatrix} = \begin{bmatrix} E \\ 0 \end{bmatrix} \tag{4.20}$$

この連立方程式を解いて，I_1 と I_2 が求まり，網路電流が求まる．

$$I_1 = |I_1|\sin(\omega t + \angle I_1), \quad I_2 = |I_2|\sin(\omega t + \angle I_2)$$

まとめると以下のようになる．

- **フェーザ法による網路解析**

(1) 電源を電圧源で表現し，フェーザに置き換える．
(2) 各網路電流をフェーザに置き換える．
(3) 各素子をインピーダンスに置き換える（アドミタンスに置き換えてもよい）．
(4) 各ループで KVL を適用し，網路方程式を導出する．
(5) 網路方程式を解いて各網路電流のフェーザを求める．

例題 4.2 図 4.7 の回路に下記の数値を与えて，網路方程式を解け．

$e(t) = 2\sin 10t$ 〔V〕, $R = 1\,\Omega$, $C = 1/10\,\mathrm{F}$, $L = 1/5\,\mathrm{H}$

【解答】 式 (4.20) に数値を代入すると

$$\begin{bmatrix} 1-j & j \\ j & 1+j \end{bmatrix} \begin{bmatrix} I_1 \\ I_2 \end{bmatrix} = \begin{bmatrix} 2 \\ 0 \end{bmatrix}$$

となる．これを解いて網路電流のフェーザが求まる．

$$I_1 = \frac{2+2j}{3}, \quad I_2 = \frac{-2j}{3}$$

このフェーザによって，網路電流が求められる．

$$i_1 = |I_1|\sin(10t + \angle I_1) = 2\sqrt{2}/3 \sin\left(10t + \frac{\pi}{4}\right) \text{〔A〕}$$
$$i_2 = |I_2|\sin(10t + \angle I_2) = 2/3 \sin\left(10t - \frac{\pi}{2}\right) \text{〔A〕}$$

なお，単位については，実際の回路では〔A〕と〔F〕は大きすぎるので，〔mA〕，〔μF〕などとすべきであるが，本書では簡単のため大きい単位を用いる． ◊

4.6 正弦波定常状態の節点方程式

図 4.8 (a) の回路は二つの正弦波電流源 $i_1(t) = J_1 \sin\omega t$ と $i_2(t) = J_2 \sin\omega t$ を含み，抵抗（コンダクタンス表示），キャパシタ，インダクタで構成される．回路は正弦波定常状態にあるものとする．

$$J_1 \leftarrow i_1(t), \quad J_2 \leftarrow i_2(t), \quad V_1 \leftarrow v_1, \quad V_2 \leftarrow v_2, \quad Y_C \leftarrow C, \quad Y_L \leftarrow L$$

として，図 4.8 (b) のフェーザ回路に置き換える．二つの節点で KCL を適用すると，次式を得る．

$$\left. \begin{array}{l} -J_1 + GV_1 + Y_C V_1 + Y_L(V_1 - V_2) = 0 \\ J_2 + GV_2 + Y_C V_2 + Y_L(V_2 - V_1) = 0 \end{array} \right\} \quad \text{ただし，} Y_C = j\omega C, \quad Y_L = \frac{1}{j\omega L}$$

これは，節点電圧のフェーザ V_1, V_2 に関する節点方程式であり，行列を用いるとつぎのように表現できる．

$$\begin{bmatrix} G + Y_C + Y_L & -Y_L \\ -Y_L & G + Y_C + Y_L \end{bmatrix} \begin{bmatrix} V_1 \\ V_2 \end{bmatrix} = \begin{bmatrix} J_1 \\ -J_2 \end{bmatrix} \tag{4.21}$$

この連立方程式を解いて V_1 と V_2 が求まり，節点電圧が求まる．

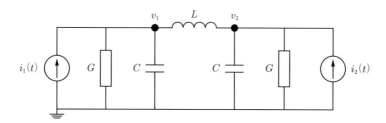

(a) 二つの正弦波電流源を含む回路 $i_1(t) = J_1 \cos\omega t$, $i_2(t) = J_2 \cos\omega t$

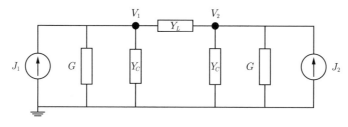

(b) フェーザ回路 $Y_C = j\omega C$, $Y_L = \dfrac{1}{j\omega L}$

図 4.8 節点解析

$$v_1 = |V_1|\sin(\omega t + \angle V_1), \quad v_2 = |V_2|\sin(\omega t + \angle V_2)$$

まとめると以下のようになる。

- **フェーザ法による節点解析**

(1) 電源は電流源で表現し，フェーザに置き換える。
(2) 一つの節点を接地し，他の各節点電圧をフェーザに置き換える。
(3) 各素子をアドミタンスに置き換える（インピーダンスに置き換えてもよい）。
(4) 各節点で KCL を適用し，節点方程式を導出する。
(5) 節点方程式を解いて各節点電圧のフェーザを求める。

例題 4.3 図 4.8 の回路に下記の数値を与えて，節点方程式を解け。
(1) $G = 2\,\text{S},\ C = 1/5\,\text{F},\ L = 1/5\,\text{H},\ i_1 = 5\sin 10t\,[\text{A}],\ i_2 = 5\sin 10t\,[\text{A}]$
(2) $G = 2\,\text{S},\ C = 1/5\,\text{F},\ L = 1/5\,\text{H},\ i_1 = 5\sin 5t\,[\text{A}],\ i_2 = 5\sin 5t\,[\text{A}]$

【解答】 (1) 式 (4.21) に数値を代入すると

$$\begin{bmatrix} 4+3j & j \\ j & 4+3j \end{bmatrix} \begin{bmatrix} V_1 \\ V_2 \end{bmatrix} = \begin{bmatrix} 10 \\ -10 \end{bmatrix}$$

となる。これを解いて節点電圧のフェーザが求まり，それによって節点電圧が求められる。

$$V_1 = \frac{5+5j}{1+3j}, \quad V_2 = \frac{-5-5j}{1+3j}$$

$$v_1 = |V_1|\sin(10t + \angle V_1) = \sqrt{5}\sin\left(10t + \frac{\pi}{4} - \tan^{-1} 3\right)\ [\text{V}]$$

$$v_2 = |V_2|\sin(10t + \angle V_2) = \sqrt{5}\sin\left(10t + \frac{5\pi}{4} - \tan^{-1} 3\right)\ [\text{V}]$$

(2) 式 (4.21) に数値を代入すると

$$\begin{bmatrix} 2 & j \\ j & 2 \end{bmatrix} \begin{bmatrix} V_1 \\ V_2 \end{bmatrix} = \begin{bmatrix} 5 \\ -5 \end{bmatrix}$$

となる。これを解いて節点電圧のフェーザが求まり，それによって節点電圧が求められる。

$$V_1 = 2 + j, \quad V_2 = -2 - j$$

$$v_1 = |V_1|\sin(5t + \angle V_1) = \sqrt{5}\sin\left(5t + \tan^{-1}\frac{1}{2}\right)\ [\text{V}]$$

$$v_2 = |V_2|\sin(5t + \angle V_2) = \sqrt{5}\sin\left(5t + \pi + \tan^{-1}\frac{1}{2}\right)\ [\text{V}]$$

◇

4.7 正弦波定常状態の重ねの理

角周波数の異なる複数と正弦波電源を含む回路は，重ねの理を用いて解析する。この場合，

4. 正弦波定常状態の解析

インピーダンスやアドミタンスが角周波数 ω に依存することに注意して，$Z_L(\omega), Y_C(\omega)$ などの記述を用いる。簡単のため，図 4.9 の二つの正弦波電源を含む回路例を用いて説明する。

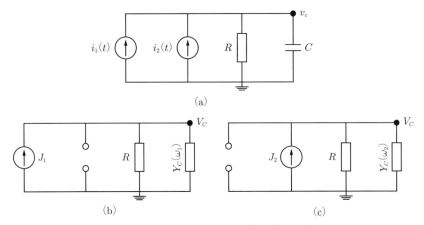

図 4.9　二つの周波数の異なる正弦波電流源を含む回路

図 4.9 の回路の正弦波電流源が

$$i_1(t) = J_1 \sin\omega_1 t, \quad i_2(t) = J_2 \sin\omega_2 t, \quad \omega_1 \neq \omega_2$$

で与えられ，回路は定常状態にあるものとする。二つの電源の角周波数が異なるので，これらを一緒にしてフェーザ法を適用することはできない。重ねの理を用いて v を求めることにする。まず，電源が $i_1(t)$ のみの場合を考える。図 4.9 (b) のように $i_2(t)$ は開放する。節点電圧 v_c のフェーザを V_1 とする。KCL を用いると

$$-J_1 + \frac{V_1}{R} + Y_C(\omega_1)V_1 = 0$$

となる。これを，節点電圧フェーザについて解くと

$$V_1 = \frac{RJ_1}{1 + RY_C(\omega_1)} = \frac{RJ_1}{1 + j\omega_1 CR} \tag{4.22}$$

となり，節点電圧が求められる。

$$v_c = |V_1|\sin(\omega_1 t + \angle V_1) \equiv v_{c1}$$

つぎに，電源が $i_2(t)$ のみの場合を考える。図 4.9 (c) のように $i_1(t)$ は開放する。節点電圧 v_c のフェーザを V_2 とする。KCL を用いると

$$-J_2 + \frac{V_2}{R} + Y_C(\omega_2)V_2 = 0$$

となる。これを，節点電圧フェーザについて解くと

$$V_2 = \frac{RJ_2}{1+RY_C(\omega_2)} = \frac{RJ_2}{1+j\omega_2 CR} \tag{4.23}$$

となる。ここで、右辺は式 (4.22) の ω_1 を ω_2, J_1 を J_2 におのおの置き換えればただちに得られることに注意する。節点電圧は以下のように求められる。

$$v_c = |V_2|\sin(\omega_2 t + \angle V_2) \equiv v_{c2}$$

重ねの理を適用すると、i_1 と i_2 がともに存在する場合の節点電圧が求められる。

$$v = v_{c1} + v_{c2} = |V_1|\sin(\omega_1 t + \angle V_1) + |V_2|\sin(\omega_2 t + \angle V_2)$$

まとめると、以下のようになる。

- 角周波数の異なる複数の正弦波電源を含む回路の解析は、各電源が一つのみのときの電圧/電流をフェーザ法で求め、重ねの理を適用とすればよい。

例題 4.4 図 4.9 の回路に下記の数値を与えて、節点電圧 v を求めよ。

$i_1 = 4\sin t$ 〔A〕, $i_2 = 4\sin 3t$ 〔A〕, $R = 1\,\Omega$, $C = 1\,\text{F}$

【解答】 i_1 のみのとき、v_c のフェーザを V_1 として KCL を適用すると

$$-4 + V_1 + jV_1 = 0$$

となる。これを解くと V_1 が求まり、それによって v_c が求まる。これより

$$V_1 = \frac{4}{1+j}, \quad v_c = 2\sqrt{2}\sin\left(t - \frac{\pi}{4}\right) \equiv v_{c1}$$

i_2 のみのとき、v_c のフェーザを V_2 として KCL を適用すると

$$-4 + V_2 + 3jV_2 = 0$$

となる。これを解くと V_2 が求まり、それによって v_c が求まる。

$$V_2 = \frac{4}{1+3j}, \quad v_c = \frac{2\sqrt{10}}{5}\sin(3t - \tan^{-1}3) \equiv v_{c2}$$

重ねの理を用いて、v_c が求められる。

$$v_c = v_{c1} + v_{c2} = 2\sqrt{2}\sin\left(t - \frac{\pi}{4}\right) + \frac{2\sqrt{10}}{5}\sin(3t - \tan^{-1}3)$$

ここで、$|V_1|/|V_2| = \sqrt{5}$ となることにに注意する。この回路では、ω が小さくなるほど（周波数が低くなるほど）、v の振幅が大きくなる。 ◇

例題 4.5 図 4.8 の回路で、$i_1(t) = 5\sin 5t$〔A〕, $i_2(t) = 5\sin 10t$〔A〕であり、パラメータの値が $G = 2\,\text{S}$, $C = 1/5\,\text{F}$, $L = 1/5\,\text{H}$ で与えられるとき、正弦波定常状態での v_1 と v_2 を求めよ。

【解答】 重ねの理を用いる。$i_2(t)$ を開放し，電流源が $i_1(t)$ のみのとき節点方程式はつぎのようになる。

$$\begin{bmatrix} G+Y_C(\omega)+Y_L(\omega) & -Y_L(\omega) \\ -Y_L(\omega) & G+Y_C(\omega)+Y_L(\omega) \end{bmatrix} \begin{bmatrix} V_1 \\ V_2 \end{bmatrix} = \begin{bmatrix} I_1 \\ 0 \end{bmatrix} \quad (4.24)$$

ただし，$Y_C(\omega)=j\omega C$, $Y_L(\omega)=1/j\omega L$ である。数値を代入すると

$$\begin{bmatrix} 2 & j \\ j & 2 \end{bmatrix} \begin{bmatrix} V_1 \\ V_2 \end{bmatrix} = \begin{bmatrix} 5 \\ 0 \end{bmatrix}$$

となる。これを解いて，節点電圧のフェーザが求まり，それによって節点電圧が求まる。

$$V_1 = 2, \quad V_2 = -j$$
$$v_1 = |V_1|\sin(5t+\angle V_1) = 2\sin 5t \equiv v_{1a}$$
$$v_2 = |V_2|\sin(5t+\angle V_2) = \sin\left(5t+\frac{3\pi}{2}\right) \equiv v_{2a}$$

i_2 を開放し，電流源が i_1 のみのとき節点方程式に数値を代入すると

$$\begin{bmatrix} 4+3j & j \\ j & 4+3j \end{bmatrix} \begin{bmatrix} V_1 \\ V_2 \end{bmatrix} = \begin{bmatrix} 0 \\ -10 \end{bmatrix}$$

となる。これを解いて，節点電圧のフェーザが求まり，それによって節点電圧が求まる。

$$V_1 = \frac{5j}{4+12j}, \quad V_2 = \frac{-20-15j}{4+12j}$$
$$v_1 = |V_1|\sin(10t+\angle V_1) = \frac{\sqrt{10}}{8}\sin\left(10t+\frac{\pi}{2}-\tan^{-1}3\right) \equiv v_{1b}$$
$$v_2 = |V_2|\sin(10t+\angle V_2) = \frac{5\sqrt{10}}{8}\sin\left(10t+\pi+\tan^{-1}\frac{3}{4}-\tan^{-1}3\right) \equiv v_{2b}$$

重ねの理より，i_1 と i_2 が両方存在するときの節点電圧が求まる。

$$v_1 = v_{1a}+v_{1b}, \quad v_2 = v_{2a}+v_{2b}$$

4.8 共振回路

図 **4.10** の回路を考える。抵抗，インダクタ，キャパシタを直列接続した回路に，角周波数 ω の正弦波電圧源 $e(t)=E\cos\omega t$ が印加されている。回路は正弦波正常状態にあるものとし

$$E \leftarrow e(t), \quad I \leftarrow i, \quad Z_L(\omega) \leftarrow L, \quad Z_C(\omega) \leftarrow C$$

と置き換える。この回路では，インピーダンスが角周波数 ω に依存することに注意する。KVLを適用すると，網路電流のフェーザ I に関する方程式を得る。

$$-E+RI+Z_L(\omega)I+Z_C(\omega)I = 0 \quad (4.25)$$

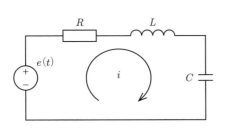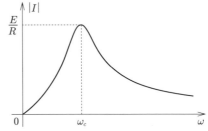

図 4.10 直列共振回路と共振カーブ

ただし，$Z_L(\omega) = j\omega L$, $Z_C(\omega) = \dfrac{1}{j\omega C} = -j\dfrac{1}{\omega C}$ である．これを I について解くと

$$I = \frac{E}{R + Z_L(\omega) + Z_C(\omega)} = \frac{E}{R + j\left(\omega L - \dfrac{1}{\omega C}\right)}$$

となり，これによって i が求められる．

$$\left.\begin{array}{l} i = |I|\cos(\omega t + \angle I) \\[2mm] |I| = \dfrac{E}{\sqrt{R^2 + \left(\omega L - \dfrac{1}{\omega C}\right)^2}}, \quad \angle I = -\tan^{-1}\left(\dfrac{\omega L - \dfrac{1}{\omega C}}{R}\right) \end{array}\right\} \quad (4.26)$$

ここで，**共振角周波数** (resonance angular frequency) と **Q 値** (quality factor) の二つの特徴量を導入する．

共振角周波数： $\omega_c = \dfrac{1}{\sqrt{LC}}$

Q 値： $Q = \dfrac{1}{R}\sqrt{\dfrac{L}{C}}$

これらを用いると†，式 (4.26) は以下のように記述される．

$$\left.\begin{array}{l} i = |I|\cos(\omega t + \angle I) \\[2mm] |I| = \dfrac{E}{R\sqrt{1 + jQ^2(\omega/\omega_c - \omega_c/\omega)^2}}, \quad \angle I = -\tan^{-1}\left(\dfrac{\omega}{\omega_c} - \dfrac{\omega_c}{\omega}\right) \end{array}\right\} \quad (4.27)$$

図 4.10 に，ω に対する $|I|$ の特性を示す．$\omega = \omega_c$ のとき，$|I|$ は最大値 E/R をとる．$\omega < \omega_c$ では $|I|$ は単調増加，$\omega > \omega_c$ では $|I|$ は単調減少となっている．このような ω に対する $|I|$ の特性を**共振** (resonance) カーブという．

---

† **共振周波数** (resonance frequency) $f_c = \dfrac{\omega_c}{2\pi}$ を用いることもある．

4. 正弦波定常状態の解析

例題 4.6 図 4.10 の回路で，$e(t) = 4\sin t + 4\sin 2t + 4\sin 4t$ 〔V〕とする．$R = 2\,\Omega$，$L = 1\,\mathrm{H}$，$C = 1/4\,\mathrm{F}$ のときの i を求めよ．

【解答】 重ねの理を用いる．まず，$e(t) = 4\sin 2t$ ($\omega = 1/\sqrt{LC} = 2$) のとき，網路電流を i_2，そのフェーザを I_2 とする．式 (4.25) に数値を代入して KVL を適用すると

$$-4 + 2I_2 + 2jI_2 + \frac{2}{j}I_2 = 0$$

を得る．これより I_2 が求まり，それによって i_2 が求まる．

$$I_2 = 2, \quad i_2 = 2\sin 2t$$

つぎに，$e(t) = 4\sin t$ ($\omega = 1$) のとき，網路電流を i_1，そのフェーザを I_1 とする．式 (4.25) に数値を代入して KVL を適用すると

$$-4 + 2I_1 + jI_1 + \frac{4}{j}I_1 = 0$$

を得る．これより，I_1 が求まり，それによって i_1 が求まる．

$$I_1 = \frac{4}{2 - 3j}, \quad i_1 = \frac{4}{\sqrt{13}} \sin\left(t + \tan^{-1}\frac{3}{2}\right)$$

さらに，$e(t) = 4\sin 4t$ ($\omega = 4$) のとき，網路電流を i_4，そのフェーザを I_4 とする．式 (4.25) に数値を代入して KVL を適用すると

$$-4 + 2I_4 + 4jI_4 + \frac{1}{j}I_4 = 0$$

を得る．これより，I_4 が求まり，それによって i_4 が求まる．

$$I_4 = \frac{4}{2 + 3j}, \quad i_4 = \frac{4}{\sqrt{13}} \sin\left(4t - \tan^{-1}\frac{3}{2}\right)$$

重ねの理を用いると，i が求められる．

$$\begin{aligned} i &= i_1 + i_2 + i_4 \\ &= \frac{4}{\sqrt{13}} \sin\left(t + \tan^{-1}\frac{3}{2}\right) + 2\sin 2t + \frac{4}{\sqrt{13}} \sin\left(4t - \tan^{-1}\frac{3}{2}\right) \;〔\mathrm{A}〕 \end{aligned}$$

$\omega = 2$ が共振角周波数であり，これに対応する成分（$\sin 2t$）の振幅が最大となる． ◇

章 末 問 題

【1】 つぎの微分方程式の正弦波定常解をフェーザ法で求めよ．
  (1) $\ddot{x} + 2\dot{x} + 10x = 5\cos 3t$ (2) $\ddot{x} + 5\dot{x} + 4x = 2\cos 2t$

【2】 図 4.11 の回路は $e(t) = E\cos\omega t$ であり，回路は正弦波定常状態にある．$C = 1\,\mathrm{F}$，$R = 2\,\Omega$，$E = 4\,\mathrm{V}$，$\omega = 0.5\,\mathrm{rad/s}$ のとき，網路電流 i を求めよ．

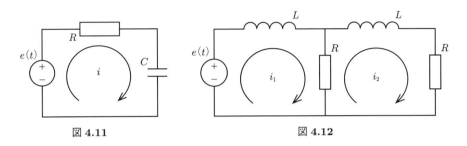

図 4.11　　　　　　　　　　図 4.12

【3】 図 4.12 の回路は定常状態にある。

(1) $e(t) = E\cos\omega t$ のとき，網路電流 i_1, i_2 のフェーザ I_1, I_2 に関する網路方程式を導出せよ。

(2) $R = 2\,\Omega$, $L = 0.5\,\mathrm{H}$ とする。$e(t) = 2\cos 2t$ のときの I_2 を求めよ。$e(t) = 2\cos 4t$ のときの I_2 を求めよ。$e(t) = 2\cos 2t + 2\cos 4t$ のときの i_2 を求めよ。

【4】 図 4.13 の回路は定常状態にある。$i(t) = I\cos\omega t$ のとき，節点電圧 v_1, v_2 のフェーザ V_1, V_2 に関する節点方程式を導出せよ。また，$G = 2\,\mathrm{S}$, $C = 1\,\mathrm{F}$, $i(t) = 4\cos 2t + 4\cos 4t\,\mathrm{[A]}$ のとき，v_2 を求めよ。

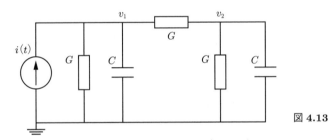

図 4.13

【5】 図 4.14 の回路で $i(t) = I\cos\omega t$ であり，回路は定常状態にある。節点電圧 v_1, v_2 のフェーザ V_1, V_2 に関する節点方程式を導出せよ。$L = 1/8\,\mathrm{H}$, $C = 1/8\,\mathrm{F}$, $G = 2\,\mathrm{S}$ のとき，V_2 を求めよ。また，v_2 の振幅が最大となる ω を求めよ。

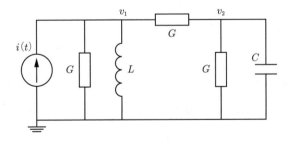

図 4.14

5 | 正弦波定常状態の電力

　エネルギーを効率よく取り扱うことは重要な問題である。ここでは，回路の電圧や電流が時間に対して変化する場合に，エネルギーの取り扱いの基本となる平均電力と実効値の概念を導入する。そして，正弦波電源が交流電源を表す場合について，正弦波定常状態の電力を考えるための基礎を学ぶ。

5.1　平均電力と実効値

　抵抗 R の枝電圧 v と枝電流 i が直流の場合，抵抗で消費する電力 p は

$$p = vi = Ri^2 = \frac{v^2}{R} \quad [\text{W}]$$

であり，時間間隔 $0 \leq t \leq T$ で，R で消費されるエネルギーは

$$W = pT \quad [\text{J}]$$

である。しかし，時間 t に対して，電圧 $v(t)$ と電流 $i(t)$ が変化する場合，電力やエネルギーの取扱いは工夫を要する。まず，簡単のため，電圧と電流は周期 T であるとし，これに対して**瞬時電力** (instantaneous power) $p(t)$ を定義する。

$$p(t) = v(t)i(t) \quad [\text{W}]$$
$$p(t+T) = p(t), \quad v(t+T) = v(t), \quad i(t+T) = i(t)$$

交流電源はこのような周期波形である。東日本では $T = 1/50$ s，西日本では $T = 1/60$ s，と設定されている。このような周期波形は，交流電源のみでなく，さまざまな波形を表現できる。例えば，時間間隔 $0 \leq t \leq T$ で，ある音声波形 $v(t)$ が観測された場合，これを周期 T で繰り返せば，$v(t)$ によって音声を記述できる。さまざまな波形の表現方法については，6 章で学ぶ。

　瞬時電力を注意深く観測すれば，その特徴を把握できるかもしれない。しかし，時間とともに変化する波形の詳細な観測は簡単ではない。電力に関する簡素な特徴量があれば便利である。その特徴量の一つに**平均電力** (average power) がある。

$$P_a = \frac{1}{T}\int_0^T v(t)i(t)dt \quad [\text{W}] \tag{5.1}$$

この平均電力に基づいて**実効値** (effective value) を定義する。まず，周期 T の電流 $i(t)$ が $R=1\,\Omega$ の抵抗に流れていて，R で消費する平均電力が i_e^2 のとき，$i(t)$ の実効値を i_e と定義する。また，周期 T の電圧 $v(t)$ が $R=1\,\Omega$ の抵抗にかかっていて，R で消費する平均電力が v_e^2 のとき，$v(t)$ の実効値を v_e [V] と定義する。すなわち，

$$\left.\begin{array}{l} \text{実効値 } i_e\,[\text{V}]: \quad Ri_e^2 = \dfrac{1}{T}\int_0^T Ri^2(t)dt \quad [\text{W}] \\ \text{実効値 } v_e\,[\text{A}]: \quad Rv_e^2 = \dfrac{1}{T}\int_0^T \dfrac{v^2(t)}{R}dt \quad [\text{W}] \end{array}\right\} \quad \text{ただし，} R=1\,\Omega \tag{5.2}$$

以下では単位を省略する場合がある。実効値 i_e の電流が流れている抵抗で消費する平均電力は，i_e の直流電流が流れている抵抗で消費する電力と同じである。

例題 5.1 つぎの電流波形の実効値 i_e を求めよ。

(1) $i(t) = 2\sin t$ (2) $i(t) = 2\cos t + 2$

【解答】 式 (5.2) を用いて計算する。

(1) $i_e^2 = \dfrac{1}{2\pi}\int_0^{2\pi} 4\sin^2 t\,dt = 2$ より，$i_e = \sqrt{2}$

(2) $i_e^2 = \dfrac{1}{2\pi}\int_0^{2\pi} (2\cos t + 2)^2 dt = 2+4$ より，$i_e = \sqrt{6}$ ◇

例題 5.2 図 **5.1** に示した電圧波形の実効値を求めよ。

(1) $v(t) = \begin{cases} 2 & (0 \le t < 1) \\ -2 & (1 \le t < 2) \end{cases}$, $v(t+2) = v(t)$

(2) $v(t) = \begin{cases} 2(t-1) & (0 \le t < 2) \\ -2(t-3) & (2 \le t < 4) \end{cases}$, $v(t+4) = v(t)$

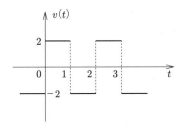 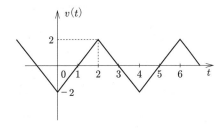

(1) 矩形波   (2) 三角波

図 **5.1**

【解答】 式 (5.2) を用いて計算する。

(1) $v_e^2 = \dfrac{1}{2}\displaystyle\int_0^2 v^2(t)dt = 4$ より, $v_e = 2$

(2) $v_e^2 = \dfrac{1}{4}\displaystyle\int_0^4 v^2(t)dt = \dfrac{1}{4}\int_0^2 4(t-1)^2 dt + \dfrac{1}{4}\int_2^4 4(t-3)^2 dt = \dfrac{4}{3}$ より, $v_e = \dfrac{2}{\sqrt{3}}$ ◇

5.2 正弦波定常状態の実効値

ここまでは，電源が一般的な周期波形である場合を対象としてきたが，ここからは，交流電源の場合を考える。交流電源に対応する周期 T（角周波数 $\omega = 2\pi/T$）の正弦波は，4章で定義したフェーザを用いて以下のように記述できる。

$$i(t) = |I|\sin(\omega t + \angle I), \quad v(t) = |V|\sin(\omega t + \angle V) \tag{5.3}$$

ただし，I は電流のフェーザであり，V は電圧フェーザである。正弦波電流 $i(t)$ の実効値を i_e，正弦波電圧 $v(t)$ の実効値を v_e とする。これらは，式 (5.2) により以下のように求められる。

$$\left.\begin{array}{l} i_e^2 = \dfrac{1}{T}\displaystyle\int_0^T R|I|^2\sin^2(\omega t + \angle I)dt = \dfrac{|I|^2}{2}, \quad i_e = \dfrac{|I|}{\sqrt{2}} \\ v_e^2 = \dfrac{1}{T}\displaystyle\int_0^T \dfrac{|V|^2\sin^2(\omega t + \angle I)}{R}dt = \dfrac{|V|^2}{2}, \quad v_e = \dfrac{|V|}{\sqrt{2}} \end{array}\right\} \text{ただし, } R = 1\,\Omega$$

通常，交流電圧や交流電流はその実効値によって象徴される。例えば，「100 V の交流電圧」は「実効値が 100 V の交流電圧」を意味する。「振幅が 100 V の交流電圧」ではない。

ここで，実効フェーザを以下のように定義する。

$$V_e = \dfrac{V}{\sqrt{2}}, \quad I_e = \dfrac{I}{\sqrt{2}}$$

その絶対値と偏角は以下のようになる。

$$|I_e| = i_e, \quad \angle I_e = \angle I, \quad |V_e| = v_e, \quad \angle V_e = \angle V$$

この実効フェーザを用いると，正弦波は以下のように記述される。

$$\left.\begin{array}{l} i(t) = \sqrt{2}|I_e|\sin(\omega t + \angle I_e) = \Im(\sqrt{2}I_e e^{j\omega t}) \\ v(t) = \sqrt{2}|V_e|\sin(\omega t + \angle V_e) = \Im(\sqrt{2}V_e e^{j\omega t}) \end{array}\right\} \tag{5.4}$$

正弦波の表現は，実効値を中心に考える場合は式 (5.4)，振幅を中心に考える場合は式 (5.3) が用いられることが多い[†]。先に I と V をフェーザと定義したが，実効フェーザの V_e と I_e

---

[†] 6章で学ぶフーリエ級数との対応では式 (5.3) が便利である。

をフェーザと呼ぶこともある。「交流電源を含む回路の電力」のみを考える場合は，このような「正弦波の実効値」を中心とした説明はわかりやすいかもしれない。しかし，正弦波は交流電源だけを表すものではなく，実効値は交流電源だけを対象としたものではない。本書では，I と V をフェーザ，I_e と V_e を**実効フェーザ** (effective phasor) と呼ぶ。本章の 5.3 節以降では実効フェーザと式 (5.4) を用いるが，それ以外の箇所ではフェーザと式 (5.3) の表現を用いることにする。いうまでもなく，式 (5.4) と式 (5.3) は同じ波形を表している。

5.3 有効電力，無効電力，皮相電力

ここでは，正弦波定常状態における電力を考察するために必要な基本量を導入する。説明の便宜のため，式 (5.4) に対してつぎの記号を導入する。

$$\omega\tau \equiv \omega t + \angle V_e, \quad \phi \equiv \angle I_e - \angle V_e$$

このとき，位相差 ϕ の正弦波電圧 v と電流 i は以下のように記述される。

$$v(\tau) = \sqrt{2}|V_e|\sin\omega\tau \tag{5.5}$$
$$i(\tau) = \sqrt{2}|I_e|\sin(\omega\tau + \phi) \tag{5.6}$$

瞬時電力はつぎのようになる。

$$\begin{aligned} p(\tau) &= v(\tau)i(\tau) = 2|V_e||I_e|\sin\omega\tau\sin(\omega\tau+\phi)\\ &= 2|V_e||I_e|\sin\omega\tau(\sin\omega\tau\cos\phi + \cos\omega\tau\sin\phi)\\ &= (1-\cos 2\omega\tau)|V_e||I_e|\cos\phi + \sin 2\omega\tau|V_e||I_e|\sin\phi \end{aligned} \tag{5.7}$$

先に述べたように，時間に対して変化する瞬時電力は取扱いが容易ではないので，平均電力を計算する。角周波数は ω，周期は $T = 2\pi/\omega$ なので，平均電力はつぎのように求められる。

$$\begin{aligned} P_a &= \frac{1}{T}\int_0^T p(\tau)d\tau\\ &= \left(\frac{1}{T}\int_0^T (1-\cos 2\omega\tau)d\tau\right)|V_e||I_e|\cos\phi + \left(\frac{1}{T}\int_0^T \sin 2\omega\tau d\tau\right)|V_e||I_e|\sin\phi\\ &= |V_e||I_e|\cos\phi \end{aligned} \tag{5.8}$$

平均電力 P_a は電圧 v と電流 i の位相差 ϕ に応じて変化する。位相差がない場合，すなわち $\phi = 0$ のときは

$$P_a = |V_e||I_e|\cos 0 = |V_e||I_e| \quad \text{(位相差 ϕ が $\phi=0$ の場合)} \tag{5.9}$$

となり，P_a は ϕ に対して最大となる．電流 $i(t)$ の位相差が $\pi/2$（90°）の場合は

$$P_a = |V_e||I_e|\cos\frac{\pi}{2} = 0 \quad \left(\text{位相差 } \phi \text{ が } \phi = \frac{\pi}{2} \text{ の場合}\right) \tag{5.10}$$

となり，P_a は最小となる．このように平均電力 P_a は電圧 $v(t)$ と電流 $i(t)$ の位相差 ϕ に応じて $\cos\phi$ の値によって変化する．ここで，$\cos\phi$ を**力率** (power factor) と呼ぶ．また，式 (5.8) の平均電力 P_a を**有効電力**（effective power）P と呼ぶ．

有効電力：　$P = |V_e||I_e|\cos\phi$ 〔W〕

力　率：　$\cos\phi = \cos(\angle I_e - \angle V_e) = \cos(\angle V_e - \angle I_e)$

有効電力 P は負荷で実際に消費される電力であり，有効電力が大きいほど，すなわち力率が 1 に近いほど理想的な状態であるといえる．電力料金の計算にはこの有効電力が用いられる．これに対して，**無効電力**（reactive power）を以下のように定義する．単位はバール〔var〕である．

無効電力：　$Q = |V_e||I_e|\sin\phi$ 〔var〕

無効電力 Q は電源と負荷の間を往復するだけで消費されない電力である．

図 **5.2** に示すように，式 (5.7) に示した瞬時電力のうち，$\cos\phi$ の項は $(1 - \cos 2\omega\tau)$ が乗じられているので，つねに正の値で振動していることがわかる．これに対し，$\sin\phi$ の項は $\sin 2\omega\tau$ が乗じられているので，平均 0 で振動している．このため，1 周期積分すると $\cos\phi$ の項のみが値を有し，$\sin\phi$ の項は 0 となる．1 周期の積分で値を有する $\cos\phi$ の項を瞬間有効電力，1 周期の積分で値が 0 となる $\sin\phi$ の項を瞬間無効電力と呼ぶ．無効電力にはインダクタンスに由来する誘導負荷によって生じる遅れ無効電力と，キャパシタンスに由来する容量負荷によって生じる進み無効電力がある．遅れ無効電力と進み無効電力が等しければ無効電力は 0 となる．無効電力が 0 であることが理想的な状態である．

また，電圧の実効値 V_e および，電流の実効値 I_e の積 $|V_e||I_e|$ を**皮相電力** (apparent power) という．単位はボルト・アンペア〔V·A〕を用いる．

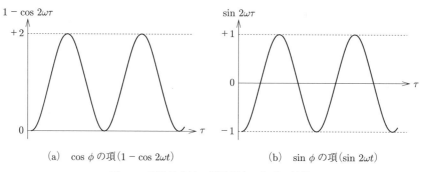

図 **5.2** 正弦波交流の瞬時電力の各項の係数

皮相電力： $S = |V_e||I_e|$ 〔V·A〕

つぎに，これらの基本量を複素数を用いて簡潔に計算する方法を説明する。まず，複素電力を以下のように定義する。

$$P_C = I_e \overline{V_e} = |V_e||I_e|e^{j(\angle I_e - \angle V_e)} = |V_e||I_e|\cos(\angle I_e - \angle V_e) + j|V_e||I_e|\sin(\angle I_e - \angle V_e)$$

と定義する。ただし，$\overline{V_e}$ は V_e の複素共役である。上式を用いると

有効電力： $P = \Re(P_C) = |V_e||I_e|\cos(\angle I_e - \angle V_e)$

無効電力： $Q = \Im(P_C) = |V_e||I_e|\sin(\angle I_e - \angle V_e)$

皮相電力： $S = |P_C| = |V_e||I_e|, \quad S^2 = P^2 + Q^2$

と計算できる。ある回路素子がインピーダンス Z あるいはアドミタンス Y で表され，その枝電圧と枝電流の実効フェーザが V_e と I_e であるとき，有効電力は以下のように計算できる。

$V_e = ZI_e$ のとき： $P = \Re(Z)|I_e|^2$

$I_e = YV_e$ のとき： $P = \Re(Y)|V_e|^2$

5.4 整合

電源から取り出せるエネルギーは負荷に依存するので，最も効率よくエネルギーを取り出す問題について解説する。

図 **5.3** の回路を考える。電源を $e(t) = \sqrt{2}E_e \sin \omega t$ とする。E_e は実効値であり，実効フェーザは $E_e e^{j0} = E_e$ である。Z_s は電源側のインピーダンス，Z_l は負荷のインピーダンスである。例として，$Z_s = R + j\omega L, Z_l = R_x - j\dfrac{1}{\omega C_x}$, の場合を考える。$R_x$ で消費する平均電力 P_a が最大となる R_x と C_x を求める。Z_l を流れる電流の実効フェーザを I_e とすると

$$P_a = R_x |I_e|^2, \quad I_e = \frac{E_e}{R + j\omega L + R_x + \dfrac{1}{j\omega C_x}}$$

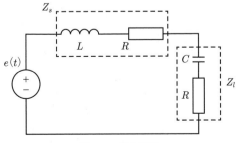

図 **5.3** 整合回路

であるので

$$P_a = \frac{R_x E_e^2}{(R_x + R)^2 + \left(\omega L - \dfrac{1}{\omega C_x}\right)^2}$$

となる。分母第 2 項については

$$\omega L - \frac{1}{\omega C_x} = 0$$

のとき，P_a は最大となる。分母第 1 項については，$F(R_x) = R_x/(R_x + R)^2$ が最大となる R_x が P_a の最大値を与える。

$$\frac{d}{dR_x} F(R_x) = \frac{R_x - R}{(R + R_x)^3}$$

なので，$R_x = R$ で $F(R_x)$ は最大となる。したがって，P_a が最大となる条件は次式で与えられる。

$$R_x = R, \quad \omega C_x = \frac{1}{\omega L}$$

つぎにこれを一般化する。電源側のインピーダンスを $Z_s = R_s + jX_s$，負荷側のインピーダンスを $Z_x = R_x + jX_x$ とする。R_s と R_x はインピーダンスの実部，X_s と X_x はインピーダンスの虚部である。Z_x で消費する平均電力 P_a が最大となる Z_x を求める。

$$P_a = \Re(Z_x)|I_e|^2, \quad I_e = \frac{E_e}{Z_s + Z_x} = \frac{E_e}{R_s + R_x + j(X_s + X_x)}$$

より

$$P_a = \frac{R_x E^2}{(R_x + R_s)^2 + (X_x + X_s)^2}$$

先と同様にして

$$X_x = -X_s, \quad R_x = R_s$$

のとき，P_a は最大となる。このとき，電源と負荷は整合しているという。$X_x = -X_s$ は，X_s がインダクタ（$jX_s = j\omega L$）のときは，X_x はキャパシタ（$jX_x = -j/(\omega C)$）であることを意味する。X_s がキャパシタ（$jX_s = -j/(\omega C)$）のときは，X_x はインダクタ（$jX_x = j\omega L$）であることを意味する。そして，P_a が最大となるときは，$\omega = 1/\sqrt{LC}$ であり，共振している。

5.5 三相交流

送電システムや電気機器を考えるときに，**三相交流** (three-phase alternating current) の概念が重要である．図 5.4 に示したように，位相が 1/3 周期（$2\pi/3$）ずれた正弦波 $e_a(t)$, $e_b(t)$, $e_c(t)$ が三相交流電源の波形である．

$$
\begin{aligned}
e_a(t) &= \sqrt{2} A_e \sin \omega t \\
e_b(t) &= \sqrt{2} A_e \sin \left(\omega t - \frac{2\pi}{3} \right) \\
e_c(t) &= \sqrt{2} A_e \sin \left(\omega t - \frac{4\pi}{3} \right)
\end{aligned}
\tag{5.11}
$$

これを図 5.5 のように Y 型に結線した三相交流電源を構成し，3 本の導線によって Y 型の負荷にエネルギーを供給する（これを Y–Y 結線と呼ぶ）．電源を三相にする理由として，2 点をあげることができる．

理由 1：設備が簡単である．各相を別々に送ると，2×3 本の送電線が必要であるが，一緒に送ると 3 本ですむ．中性線を加えても 4 本ですむ．

理由 2：瞬時電力の和が一定となり，脈動しない．この脈動しない電力は，発電や送電で有理であることが知られている．

これらは，5 相や 7 相にしても実現できるが，既存の送配電システムは三相交流に対して設計されている．三相交流を考察するために，つぎの実効フェーザを定義する．

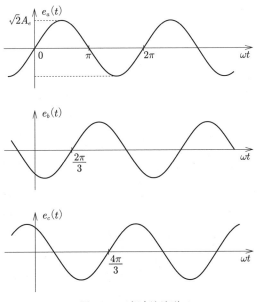

図 5.4　三相交流波形

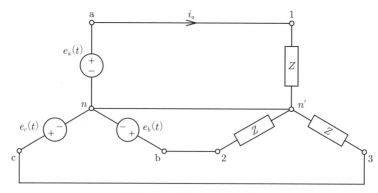

図 5.5 三相交流 Y–Y 結線

$$E_a = A_e e^{j0}, \quad E_b = A_e e^{-j2\pi/3}, \quad E_c = A_e e^{-j4\pi/3} \tag{5.12}$$

ただし

$$a \equiv e^{-j2\pi/3}, \quad E_b = aE_a, \quad E_c = aE_b$$

であり

$$E_a + E_b + E_c = E_a(1 + a + a^2) = 0$$

が成り立つことに注意する。図 5.5 の回路で，n は電源の**中性点** (neutoral point)，n' は負荷の中性点である。電源と負荷の中性点を結ぶ中性線を流れる電流を $i_n(t)$，その実効フェーザを I_{ne} とする。理想的な状況では中性線には電流は流れず，$I_{ne} = 0$ である。この中性点を基準として，$e_a(t), e_b(t), e_c(t)$ を**相電圧** (phase voltage)，$i_a(t), i_b(t), i_c(t)$ を**相電流** (phase current) と呼ぶ。また，$e_a(t) - e_b(t), e_b(t) - e_c(t), e_c(t) - e_a(t)$ を**線間電圧** (line voltage) と呼ぶ。相電流の実効フェーザに対して，以下が成り立つ。

$$I_a = \frac{E_a}{Z}, \quad I_b = \frac{E_b}{Z}, \quad I_c = \frac{E_c}{Z}, \quad I_a + I_b + I_c = 0 \tag{5.13}$$

このとき，瞬時電力の和を計算すると，つぎのように表せる。

$$\left.\begin{aligned}
p_a(t) &= e_a(t)i_a(t) = 2A_e \sin\omega t |I_a| \sin(\omega t + \angle I_a) \\
p_b(t) &= e_b(t)i_b(t) = 2A_e \sin\left(\omega t - \frac{2\pi}{3}\right) |I_b| \sin(\omega t + \angle I_b) \\
p_c(t) &= e_c(t)i_c(t) = 2A_e \sin\left(\omega t - \frac{4\pi}{3}\right) |I_c| \sin(\omega t + \angle I_c)
\end{aligned}\right\} \tag{5.14}$$

$$p(t) = p_a(t) + p_b(t) + p_c(t) = \frac{3A_p^2}{Z} \cos \angle Z$$

となる。瞬時電力は時間に対して変動しないことがわかる。

例題 5.3 図 5.5 の回路が正弦波定常状態にあり，電圧源と電流を実効フェーザに置き換え，中性線を取り除くと**図 5.6** の回路となる。ループ電流 i_a と i_c の実効フェーザは I_a と I_c である。中性点 n, n' の節点電圧の実効フェーザを V_n, $V_{n'}$ とする。I_a と I_b に関する網路方程式をたて，I_a を求めよ。また，中性点の電位差 $(V_n - V_{n'})$ を求めよ。ただし，E_a, E_b, E_c は式 (5.12) で与えられる。

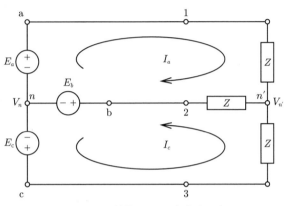

図 5.6 中性線のない三相交流回路

【解答】 KCL を適用すると，つぎのように表せる。

$$\left.\begin{array}{l} E_b - E_a + ZI_a + Z(I_a + I_c) = 0 \\ E_b - E_c + ZI_c + Z(I_a + I_c) = 0 \end{array}\right\}, \quad \begin{bmatrix} 2Z & Z \\ Z & 2Z \end{bmatrix} \begin{bmatrix} I_a \\ I_c \end{bmatrix} = \begin{bmatrix} E_a - E_b \\ E_c - E_b \end{bmatrix}$$

これを解いて，$I_a = E_a/Z$

$$V_n - V_{n'} = -E_a + ZI_a = -E_a + E_a = 0$$

したがって，理想的な場合は中性線に電流は流れない。しかし，回路素子にはばらつきがあり，実際の回路では中性線に電流が流れるので，中性線は安全のため必要不可欠である。　◇

例題 5.4 図 5.7 の回路を考える。Y 型電源から Δ 型負荷にエネルギーが供給されている（これを Y-Δ 結線と呼ぶ）。ループ電流の実効フェーザ I_a, I_c, I_d に関する網路方程式をたて，I_a と I_c を求めよ。ただし，E_a, E_b, E_c は式 (5.12) で与えられる。

74   5. 正弦波定常状態の電力

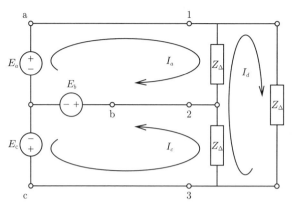

図 5.7　Y 型電源と Δ 型負荷（Y–Δ 結線）

【解答】 KCL を適用すると，つぎのように表せる．

$$E_b - E_a + Z_\Delta(I_a - I_d) = 0$$
$$E_b - E_c + Z_\Delta(I_c + I_d) = 0$$
$$Z_\Delta(I_d - I_a) + Z_\Delta I_d + Z_\Delta(I_d + I_c) = 0$$

$$\begin{bmatrix} Z_\Delta & 0 & -Z_\Delta \\ 0 & Z_\Delta & Z_\Delta \\ -Z_\Delta & Z_\Delta & 3Z_\Delta \end{bmatrix} \begin{bmatrix} I_a \\ I_c \\ I_d \end{bmatrix} = \begin{bmatrix} E_a - E_b \\ E_c - E_b \\ 0 \end{bmatrix}$$

これを解くと

$$I_a = \frac{3E_a}{Z_\Delta}, \quad I_c = \frac{3E_c}{Z_\Delta}, \quad \left(I_b = -(I_a + I_c) = \frac{3E_b}{Z_\Delta}\right) \tag{5.15}$$

を得る． ◇

式 (5.13) と式 (5.15) を比較すると，$Z_\Delta = 3Z$ であれば，図 5.6 の負荷と図 5.7 の負荷は等価であることがわかる．すなわち，**図 5.8** に示した Y 型負荷は Δ 型負荷に等価であり，たがいに変換することができる．これを Y–Δ 変換という．

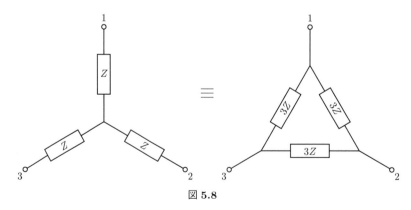

図 5.8

章 末 問 題

【1】 つぎの波形の実効値を求めよ。
 (1) $v(t) = |4\sin 2t|$ 〔V〕
 (2) $v(t) = 6\sin t + 2$ 〔V〕
 (3) $i(t) = 6\sin t + 2\sin 3t$ 〔mA〕

【2】 図5.9の回路は定常状態にあり，$G=1\,\mathrm{S}$, $C=0.5\,\mathrm{F}$ とする。$i(t)=\sqrt{2}I_e\sin\omega t$ 〔A〕のとき，節点電圧 v_1, v_2 の実効フェーザ V_{1e}, V_{2e} に関する節点方程式を導出し，V_{2e} を求めよ。また，$i(t)=2\sin t+2\sin 3t$ のとき，v_2 の実効値を求めよ。

【3】 図5.10の回路で，$e_1(t)=\sqrt{2}A_e\sin\omega t$, $e_2(t)=\sqrt{2}A_e\sin(\omega t-2\pi/3)$, $e_3(t)=\sqrt{2}A_e\sin(\omega t-4\pi/3)$ であり，回路は正弦波定常状態にある。網路電流 i_1, i_2 の実効フェーザ I_{1e}, I_{2e} に関する網路方程式を導出し，実効フェーザ I_{1e} と網路電流 i_1 を求めよ。また，$e_1(t)$ に直列接続された抵抗 r で消費する平均電力を求めよ。

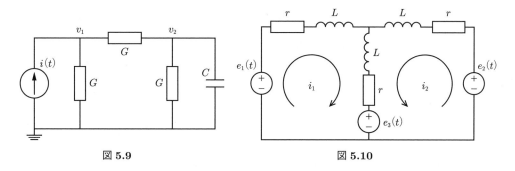

図5.9　　　　　　　図5.10

6 フーリエ級数

電気回路理論では，正弦波電源を有する回路の動作が詳しく調べられている。その大きな理由は，どのような周期的信号も，正弦波の和で近似できることである。周期的な信号を正弦波の和で表現することをフーリエ級数展開という。フーリエ級数は，電子情報通信工学のさまざまなシステムを考察するために，きわめて重要である。ここでは，フーリエ級数の基本事項と，その電気回路への応用を学ぶ。

6.1 周期信号とフーリエ正弦級数

$f(t)$ を周期 T の信号とし，その角周波数を ω とする。

$$f(t) = f(t+T), \quad \omega = \frac{2\pi}{T}$$

この周期信号の平均値を**直流分** (DC component) といい，a_0 で表す。

$$a_0 = \frac{1}{T}\int_0^T f(t)dt \tag{6.1}$$

まず，$f(t)$ が周期 T の**奇関数** (odd function) $f_\mathrm{o}(t)$ の場合を考える。

$$f(t) = f_\mathrm{o}(t), \quad f_\mathrm{o}(-t) = -f_\mathrm{o}(t), \quad f_\mathrm{o}(t+T) = f_\mathrm{o}(t)$$

$f_\mathrm{o}(t)$ の直流分はゼロである。このとき，$f_\mathrm{o}(t)$ は**フーリエ正弦級数** (Fourier sine series) に展開できる。

$$f_\mathrm{o}(t) = \sum_{n=1}^{\infty} b_n \sin n\omega t, \quad \omega = \frac{2\pi}{T} \tag{6.2}$$

理論上，式 (6.2) は重要であるが，実用上は適当な有限項での近似が便利である。

$$f_\mathrm{o}(t) \approx \sum_{n=1}^{M} b_n \sin n\omega t \tag{6.3}$$

ただし，M は有限の整数である。式 (6.2) は，どのような周期信号（奇関数）も正弦波の和

で表せることを意味しており，きわめて重要な結果である．その証明に関する議論は，本書のレベルを超えるので，参考文献11)に譲ることにする．

ここで，$f_o(t)$ が与えられたときに b_n を求める方法を説明する．まず，二つの周期 T の実数値関数 $g_1(t)$ と $g_2(t)$ の**内積** (inner product) を定義する．

$$\langle g_1(t), g_2(t) \rangle = \frac{2}{T} \int_0^T g_1(t) g_2(t) dt$$

これを用いると，b_n は次式で与えられる．

$$b_n = \langle f_o(t), \sin n\omega t \rangle = \frac{2}{T} \int_{-T/2}^{T/2} f_o(t) \sin n\omega t \, dt \tag{6.4}$$

証明

$$\langle \sin n\omega t, \sin m\omega t \rangle = \begin{cases} 1 & (n = m \text{ のとき}) \\ 0 & (n \neq m \text{ のとき}) \end{cases}$$

に注意して

$$\begin{aligned}
\langle f_o(t), \sin n\omega t \rangle &= \langle b_1 \sin \omega t, \sin n\omega t \rangle + \langle b_2 \sin 2\omega t, \sin n\omega t \rangle + \cdots \\
&\quad + \langle b_n \sin n\omega t, \sin n\omega t \rangle + \cdots \\
&= b_n \langle \sin n\omega t, \sin n\omega t \rangle = b_n
\end{aligned} \tag{6.5}$$

□

例題 6.1 図 **6.1** に示した，つぎの周期 2 の奇関数をフーリエ正弦級数に展開せよ．

$$f_o(t) = \begin{cases} 2 & (0 \leq t < 1 \text{ のとき}) \\ -2 & (1 \leq t < 2 \text{ のとき}) \end{cases}, \quad f_o(t+2) = f_o(t)$$

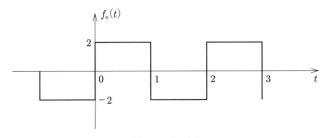

図 **6.1** 矩形波

【解答】 $T = 2, \omega = 2\pi/T = \pi$ に注意して

$$b_n = \langle f_\text{o}(t), \sin n\omega t\rangle = \int_{-1}^{1} f_\text{o}(t)\sin n\pi t\,dt = 2\int_0^1 2\sin n\pi t\,dt$$

$$= \left.\frac{2}{n\pi}\cos n\pi t\right|_0^1 = \frac{4}{n\pi}(1-\cos n\pi)$$

$$b_n = \begin{cases} 0 & (n=0,2,4,\cdots \text{のとき}) \\ \dfrac{8}{n\pi} & (n=1,3,5,\cdots \text{のとき}) \end{cases}$$

$$f_\text{o}(t) = \frac{8}{\pi}\sum_{m=1}^{\infty}\frac{1}{2m-1}\sin(2m-1)\pi t$$

b_5 までで近似すると，次式が導ける。

$$f_\text{o}(t) \approx \frac{8}{\pi}\left(\sin\pi t + \frac{1}{3}\sin 3\pi t + \frac{1}{5}\sin 5\pi t\right)$$

$\diamond$

6.2　フーリエ余弦級数と重ねの理

$f(t)$ が周期 T の**偶関数** (even function) $f_\text{e}(t)$ である場合を考える。

$$f(t) = f_\text{e}(t), \quad f_\text{e}(-t) = f_\text{e}(t), \quad f_\text{e}(t+T) = f_\text{e}(t), \quad \omega = \frac{2\pi}{T}$$

このとき，$f_\text{e}(t)$ は**フーリエ余弦級数** (Fourier cosine series) に展開できる。

$$f_\text{e}(t) = a_0 + \sum_{n=1}^{\infty} a_n \cos n\omega t, \quad \omega = \frac{2\pi}{T} \tag{6.6}$$

ただし，a_0 は直流分であり，式 (6.1) で与えられる。a_n は次式で与えられる。

$$a_n = \langle f_\text{e}(t), \cos n\omega t\rangle = \frac{2}{T}\int_0^T f_\text{e}(t)\cos n\omega t\,dt \tag{6.7}$$

証明

$$\langle \cos n\omega t, \cos m\omega t\rangle = \begin{cases} 1 & (n=m \text{ のとき}) \\ 0 & (n\neq m \text{ のとき}) \end{cases}$$

に注意して，次式が成り立つ。

$$\langle f_\text{e}(t), \cos n\omega t\rangle = \langle a_1\cos\omega t, \cos n\omega t\rangle + \langle a_2\cos 2\omega t, \cos n\omega t\rangle + \cdots$$
$$+ \langle a_n\cos n\omega t, \cos n\omega t\rangle + \cdots$$
$$= a_n\langle \cos n\omega t, \cos n\omega t\rangle = a_n \tag{6.8}$$

□

例題 6.2 図 6.2 に示した全波整流波 $f_e(t) = |A \sin t|$ をフーリエ余弦級数に展開せよ。

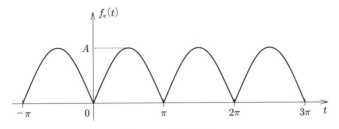

図 6.2 全波整流波

【解答】 まず，直流分 a_0 は次式のように求まる。

$$a_0 = \int_{-\pi/2}^{\pi/2} f_e(t) dt = \frac{1}{\pi} \int_0^{\pi} A \sin t \, dt = \frac{2A}{\pi}$$

$f_e(t)$ は偶関数であり，$T = \pi, \omega = 2\pi/T = 2$ であることに注意して，以下のように展開できる。

$$a_n = \langle f_e(t), \cos 2nt \rangle = \frac{2}{\pi} \int_0^{\pi} f_e(t) \cos 2nt \, dt = \frac{2}{\pi} \int_0^{\pi} A \sin t \cos 2nt \, dt$$

$$= \frac{A}{\pi} \int_0^{\pi} (\sin(2n+1)t - \sin(2n-1)t) dt = -\frac{4A}{\pi(4n^2-1)}$$

$$f_e(t) = \frac{2A}{\pi} - \frac{4A}{\pi} \left(\frac{1}{3} \cos 2t + \frac{1}{15} \cos 4t + \frac{1}{35} \cos 6t + \cdots \right)$$

◇

例題 6.3 図 6.3 の回路で，電源 $e(t)$ は周期 2π の矩形波であり，回路は定常状態にある。

$$e(t) = \begin{cases} E & (-\pi/2 \leq t < \pi/2 \text{ のとき}) \\ 0 & (\pi/2 \leq t < 3\pi/2 \text{ のとき}) \end{cases}, \quad e(t + 2\pi) = e(t) \qquad (6.9)$$

$e(t)$ をフーリエ余弦級数に展開せよ。また，フェーザ法と重ねの理を用いて，$v_c(t)$ を求めよ。ただし，$RC = 1$ とする。

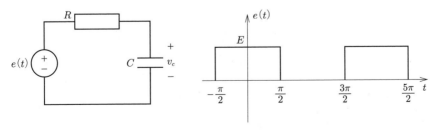

図 6.3 矩形波入力 RC 回路

【解答】 直流分 $a_0 = E/2$ であることは波形よりただちにわかる。$T = 2\pi, \omega = 1$ であることに注意して，以下のように展開できる。

$$a_n = \langle e(t), \cos 2nt \rangle = \frac{2}{2\pi} \int_{-\pi/2}^{\pi/2} E \cos nt\, dt = \frac{E}{n\pi} [\sin nt]_{-\pi/2}^{\pi/2}$$

$$= \frac{2E}{n\pi} \sin \frac{n\pi}{2}$$

$$a_n = \begin{cases} 0 & (n = 2, 4, 6, \cdots \text{のとき}) \\ \dfrac{2E}{n\pi} & (n = 1, 5, 9, \cdots \text{のとき}) \\ -\dfrac{2E}{n\pi} & (n = 3, 7, 11, \cdots \text{のとき}) \end{cases}$$

$$f(t) = \frac{2}{E} + \frac{2E}{\pi}\left(\cos t - \frac{1}{3}\cos 3t + \frac{1}{5}\cos 5t - \frac{1}{7}\cos 7t + \cdots\right)$$

回路で $e(t) = A\cos\omega_0 t$ であり，回路が正弦波定常状態にあるものとする。このとき，v_c のフェーザを V_c とする。$RC = 1$ に注意してフェーザ法を用いると，つぎの結果が得られる。

$$V_c = \frac{A}{1 + j\omega_0 RC} = \frac{A}{1 + j\omega_0}, \quad v_c = \frac{A}{\sqrt{1 + \omega_0^2}} \cos(\omega_0 t - \tan^{-1}\omega_0)$$

したがって，$e(t) = a_n \cos nt$ のときは以下のようになる。

$$V_c = \frac{a_n}{1 + jn}, \quad v_c = \frac{a_n}{\sqrt{1 + n^2}} \cos(nt - \tan^{-1} n) \tag{6.10}$$

また，$e(t) = E/2$ のとき，定常状態ではキャパシタに電流が流れないので

$$v_c = \frac{E}{2} \tag{6.11}$$

となる。$e(t)$ が式 (6.9) の矩形波の場合，式 (6.10), (6.11) と重ねの理を用いて以下の結果を得る。

$$v_c = \frac{E}{2} + \frac{2E}{\pi}\left(\frac{1}{\sqrt{2}}\cos(t - \pi/4) - \frac{1}{3\sqrt{10}}\cos(3t - \tan^{-1} 3)\right.$$
$$\left. + \frac{1}{5\sqrt{26}}\cos(5t - \tan^{-1} 5) - \cdots\right)$$

◇

6.3 複素形のフーリエ級数とパーシヴァルの定理

ここまでの説明を一般化する。まず，あらゆる周期信号 $f(t)$ は偶関数成分 $f_e(t)$ と奇関数成分 $f_o(t)$ に分解できることに注意する。

$$f(t) = f_e(t) + f_o(t), \quad f_e(-t) = f_e(t), \quad f_o(-t) = -f_o(t) \tag{6.12}$$

奇関数成分と偶関数成分は次式で与えられる。

$$f_e(t) = \frac{1}{2}(f(t) + f(-t)), \quad f_o(t) = \frac{1}{2}(f(t) - f(-t))$$

これは，以下のように確認できる。

$$f_\mathrm{e}(t) + f_\mathrm{o}(t) = f(t), \quad f_\mathrm{e}(-t) = \frac{1}{2}(f(-t) + f(t)) = f_\mathrm{e}(t)$$

$$f_\mathrm{o}(-t) = \frac{1}{2}(f(-t) - f(t)) = -f_\mathrm{o}(t)$$

式 (6.2), (6.6), (6.12) より，周期 T のあらゆる信号は

$$f(t) = a_0 + \sum_{n=1}^{\infty}(a_n \cos n\omega t + b_n \sin n\omega t), \quad \omega = \frac{2\pi}{T} \tag{6.13}$$

と展開できることがわかる。これが**実数形のフーリエ級数** (Fourier series, real form) である。直流分と各係数はつぎのように求められる。

$$a_0 = \frac{1}{T}\int_0^T f(t)dt, \quad a_n = \langle f(t), \cos n\omega t\rangle, \quad b_n = \langle f(t), \sin n\omega t\rangle$$

ここで,「周期 T の偶関数 $f_\mathrm{e}(t)$ に対して $<f_\mathrm{e}(t), \sin n\omega t>= 0$」,「周期 T の奇関数 $f_\mathrm{o}(t)$ に対して $<f_\mathrm{o}(t), \cos n\omega t>= 0$」であることに注意する。式 (6.3) のところで述べたように，実用上は適当な有限項での近似が便利である。

$$f(t) \approx a_0 + \sum_{n=1}^{M}(a_n \cos n\omega t + b_n \sin n\omega t) \tag{6.14}$$

式 (6.13) にオイラーの公式を適用すると

$$f(t) = a_0 + \sum_{n=1}^{\infty}\left(a_n \frac{e^{jn\omega t} + e^{-jn\omega t}}{2} - jb_n\frac{e^{jn\omega t} - e^{-jn\omega t}}{2}\right) \tag{6.15}$$

となる。ここで，$C_0 \equiv a_0, C_n \equiv (a_n - jb_n)/2, C_{-n} \equiv (a_n + jb_n)/2$ とおくと，次式を得る。

$$f(t) = C_0 + \sum_{n=1}^{\infty}(C_n e^{jn\omega t} + C_{-n}e^{-jn\omega t}) = \sum_{n=-\infty}^{\infty}C_n e^{jn\omega t} \tag{6.16}$$

これが**複素形のフーリエ級数** (Fourier series, complex form) である。C_n は複素数であり，これと C_{-n} は共役複素数である。C_0 は直流分である。有限項での近似はつぎのようになる。

$$f(t) \approx C_0 + \sum_{n=1}^{M}(C_n e^{jn\omega t} + C_{-n}e^{-jn\omega t}) = \sum_{n=-M}^{M}C_n e^{jn\omega t} \tag{6.17}$$

この複素形のフーリエ級数はフーリエ変換の基礎となる。$C_n = |C_n|e^{j\angle C_n}$, $C_{-n} = |C_n|e^{-j\angle C_n}$ に注意して式 (6.16) にオイラーの公式を適用すれば，正弦波による表現が得られる。

$$f(t) = C_0 + \sum_{n=1}^{\infty}2|C_n|\cos(n\omega t + \angle C_n) \tag{6.18}$$

有限項近似は次式のようになる。

$$f(t) \approx C_0 + \sum_{n=1}^{M} 2|C_n| \cos(n\omega t + \angle C_n) \tag{6.19}$$

フーリエ級数に対して，以下のようにスペクトルを定義する．

振幅スペクトル (amplitude spectrum): $|C_n| = \dfrac{1}{2}\sqrt{a_n^2 + b_n^2}$

位相スペクトル (phase spectrum): $\angle C_n = \angle(a_n + jb_n)$

パワースペクトル (power spectrum): $|C_n|^2$

これらは，周期信号を取り扱ううえで重要な特徴量である．

$f(t)$ が与えられたとき，フーリエ係数 C_n を求めることが問題である．式 (6.1), (6.4), (6.7) を用いれば，C_n を求めることができるが，ここではより簡潔に求める方法を述べる．

まず，周期 T の複素数値関数 $h_1(t)$ と $h_2(t)$ の内積を

$$\langle h_1(t), h_2(t) \rangle = \frac{1}{T} \int_0^T h_1(t) h_2^*(t) dt$$

と定義する．ただし，$h_2^*(t)$ は $h_2(t)$ の複素共役である．複素形のフーリエ係数は以下のように与えられる．

$$\left. \begin{aligned} C_n &= \langle f(t), e^{jn\omega t} \rangle = \frac{1}{T} \int_0^T f(t) e^{-jn\omega t} dt \\ \left(C_0 \right. &= \left. \langle f(t), e^{j0\omega t} \rangle = \frac{1}{T} \int_0^T f(t) dt \right) \end{aligned} \right\} \tag{6.20}$$

証明

$$\int_0^T e^{jn\omega t} e^{-jm\omega t} dt = \int_0^T e^{j(n-m)\omega t} dt = \int_0^T (\cos(n-m)\omega t) + j\sin(n-m)\omega t) dt$$

より，以下が成り立つことがわかる．

$$\langle e^{jn\omega t}, e^{jm\omega t} \rangle = \begin{cases} 1 & (n = m \text{ のとき}) \\ 0 & (n \neq m \text{ のとき}) \end{cases} \tag{6.21}$$

これに注意して，つぎの結果を得る．

$$\begin{aligned} \langle f(t), e^{jn\omega t} \rangle &= \langle C_0, e^{jn\omega t} \rangle + \langle C_1 e^{j\omega t}, e^{jn\omega t} \rangle + \langle C_2 e^{j2\omega t}, e^{jn\omega t} \rangle + \cdots \\ &\quad + \langle C_n e^{jn\omega t}, e^{jn\omega t} \rangle + \langle C_{n+1} e^{j(n+1)\omega t}, e^{jn\omega t} \rangle + \cdots \\ &= C_n \langle e^{jn\omega t}, e^{jn\omega t} \rangle = C_n \end{aligned} \tag{6.22}$$

□

フーリエ級数に関連した重要な定理の一つに，つぎの**パーシヴァルの定理** (Parseval's theorem) がある．

$$\frac{1}{T}\int_{-T/2}^{T/2}(f(t))^2 dt = \sum_{n=-\infty}^{\infty}|C_n|^2 \tag{6.23}$$

例題 6.4 図 6.4 の回路は直流電源 E を入力，負荷 R_L の枝電圧 v_R を出力とする基本的な DC/AC インバータであり，スイッチ S と $\overline{S}$ は周期 T で逆位相に動作している。前半周期は S が on で $\overline{S}$ が off，後半周期は S が off で $\overline{S}$ が on である。このとき，出力電圧は次式で記述される矩形波になる。

$$v_R(t) = \begin{cases} E & \left(0 \leq t < \dfrac{T}{2}\text{のとき}\right) \\ -E & \left(\dfrac{T}{2} \leq t < T\text{のとき}\right) \end{cases}, \quad v_R(t+2T) = v_R(t)$$

となる。v_R を複素形のフーリエ級数に展開し，パワースペクトルを求めよ。また，パーシヴァルの定理を用いて，v_R の正弦波への近さを特徴づける変換率 $\gamma = \dfrac{|C_1|^2}{\sum_{n=0}^{\infty}|C_n|^2}$ を求めよ。

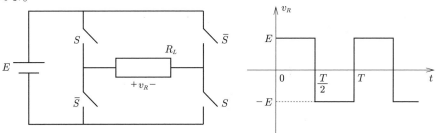

図 6.4 基本的な DC/AC インバータ

【解答】 v_R の直流分 $C_0 = 0$ である。周期 T に対して，角周波数 $\omega = 2\pi/T$ とおく。

$$\begin{aligned} C_n &= \langle v_R, e^{jn\omega t}\rangle = \frac{1}{T}\int_{-T/2}^{T/2} v_R e^{-jn\omega t} dt \\ &= \frac{1}{T}\int_{-T/2}^{0} -E e^{-jn\omega t} dt + \frac{1}{T}\int_{0}^{T/2} E e^{-jn\omega t} dt \\ &= \frac{E}{jn\omega T}\left(\left[e^{-jn\omega t}\right]_{-T/2}^{0} - \left[e^{-jn\omega t}\right]_{0}^{T/2}\right) = \frac{E}{jn\pi}(1 - \cos n\pi) \\ C_n &= \begin{cases} 0 & (n = 2,4,6,\cdots \text{のとき}) \\ \dfrac{2E}{jn\pi} & (n = 1,3,5,\cdots \text{のとき}) \end{cases} \end{aligned}$$

フーリエ級数は式 (6.18) に注意してつぎのようになる。

$$v_R = \sum_{n=-\infty}^{\infty} C_n e^{jn\omega t} = \sum_{m=1}^{\infty} \frac{4E}{(2m-1)\pi}\cos\left((2m-1)\omega t - \frac{\pi}{2}\right)$$

パワースペクトルはつぎのようになる。

$$|C_n|^2 = \begin{cases} 0 & (n=2,4,6,\cdots \text{のとき}) \\ \left(\dfrac{2E}{n\pi}\right)^2 & (n=1,3,5,\cdots \text{のとき}) \end{cases}$$

$C_0 = 0$ に注意してパーシヴァルの定理を用いると次式となる。

$$\sum_{n=-\infty}^{\infty} |C_n|^2 = 2\sum_{n=1}^{\infty} |C_n|^2 = \frac{1}{T}\int_{-T/2}^{T/2} v_R^2 dt = E^2$$

したがって

$$\gamma = \frac{|C_1|^2}{\sum\limits_{n=0}^{\infty}|C_n|^2} = \frac{4E^2/\pi^2}{E^2/2} = \frac{8}{\pi^2}$$

すなわち，v_R のパワーの 8 割以上は，$n=1$ の基本波成分によって与えられている。　　◇

章 末 問 題

【1】 つぎの半波整流波をフーリエ余弦級数に展開せよ。

$$f_e(t) = \begin{cases} \cos \pi t & \left(-\dfrac{1}{2} \leq t < \dfrac{1}{2} \text{のとき}\right) \\ 0 & \left(\dfrac{1}{2} \leq t < \dfrac{3}{2} \text{のとき}\right) \end{cases}, \quad f_e(t+2) = f(t)$$

【2】 図 6.5 の抵抗回路で，$e_1(t) = 10\cos t$，$e_2(t) = 5\cos 2t + \cos 3t$，$r_1 = 1$，$r_2 = 2$ とする。網路電流 i_1, i_2 に関する網路方程式を導出し，枝電流 i を求めよ。また，i のパワースペクトルを求めよ。

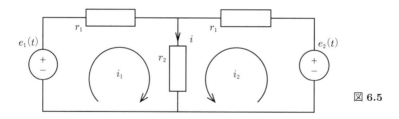

図 6.5

【3】 のこぎり波 $f(t) = 2t$ $(-\pi \leq t < \pi)$，$f(t+2\pi) = f(t)$ をフーリエ級数に展開せよ。

7 2 ポート

本章では，二つの端子対（ポート）の電圧と電流の関係に基づいて回路を考察する方法を学ぶ。この方法を用いると，回路の入出力関係などを簡潔に把握することができる。また，2ポートとしてとらえることができる重要な素子である，相互インダクタンス，ジャイレータ，従属電源についても学ぶ。

7.1 2 ポートの基本表現

図 7.1 の回路で，箱 N は，基本回路素子と電源から構成される回路である。この箱から二つの端子対を抽出し，端子間の電圧 v_1, v_2 と，端子を流れる電流 i_1, i_2 に着目して回路の考察をする。本書では，端子対を**ポート** (port)，端子間の電圧 v_1, v_2 を**ポート電圧** (port voltage)，端子を流れる電流 i_1, i_2 を**ポート電流** (port current) と呼ぶことにする。また，ポートの片方の端子から流入する電流は，もう片方の端子から流出する電流と等しいとする。このような回路は二つの端子対で代表されるので，**2 ポート** (two–port) と呼ぶことにする[†]。回路が正弦波定常状態にある場合，ポート電流 i_1 と i_2 のフェーザを I_1, I_2 とし，ポート電圧 v_1 と v_2 のフェーザを V_1, V_2 とする。2 ポートは，四つの変数 (i_1, i_2, v_1, v_2) から二つずつの組を作って表現するので，その表現方法は六通りある。本書では，その六通りのうち，基本的な三つの表現を説明する。

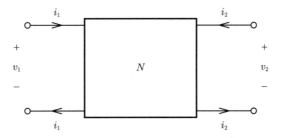

図 7.1 2 ポート，ポート電圧 (v_1, v_2)，ポート電流 (i_1, i_2)

[†] 2 端子対回路あるいは 4 端子回路などと呼ぶこともある。

電圧ベクトル $[V_1, V_2]^T$ と電流ベクトル $[I_1, I_2]^T$ の関係に基づく表現を考える。このような表現法は二つある。一つ目は，電流ベクトルが与えられたときに，電圧ベクトルが得られる表現で，つぎのように定式化される。

$$\begin{bmatrix} V_1 \\ V_2 \end{bmatrix} = \begin{bmatrix} Z_{11} & Z_{12} \\ Z_{21} & Z_{22} \end{bmatrix} \begin{bmatrix} I_1 \\ I_2 \end{bmatrix}, \quad \begin{cases} V_1 = Z_{11}I_1 + Z_{12}I_2 \\ V_2 = Z_{21}I_1 + Z_{22}I_2 \end{cases} \tag{7.1}$$

これを，$\boldsymbol{V} = \boldsymbol{Z}\boldsymbol{I}$ と略記することがある。また，Z_{11}, Z_{12}, Z_{21}, Z_{22} を $\boldsymbol{Z}$ パラメータあるいはインピーダンスパラメータ (impedance parameter) と呼ぶ。Z パラメータの単位は〔Ω〕である。また，$\boldsymbol{Z}$ を $\boldsymbol{Z}$ 行列あるいはインピーダンス行列 (impedance matrix) と呼ぶ。

例として，図 **7.2**(a) の抵抗と電流源からなる回路を考える。電流源 (i_1, i_2) が網路電流 (i_1, i_2) と一致していることに注意して，KVL を適用すると

$$-v_1 + r_1 i_1 + r_3(i_1 + i_2) = 0$$
$$-v_2 + r_2 i_2 + r_3(i_1 + i_2) = 0$$

を得る。整理すると Z 行列が得られる。

$$\begin{bmatrix} v_1 \\ v_2 \end{bmatrix} = \begin{bmatrix} r_1 + r_3 & r_3 \\ r_3 & r_2 + r_3 \end{bmatrix} \begin{bmatrix} i_1 \\ i_2 \end{bmatrix} \tag{7.2}$$

図 7.2(b) のように正弦波定常状態にある回路も同様に考えると，以下のように Z 行列が得られる。

$$\begin{bmatrix} V_1 \\ V_2 \end{bmatrix} = \begin{bmatrix} R + j\omega L & R \\ R & R + j\omega L \end{bmatrix} \begin{bmatrix} I_1 \\ I_2 \end{bmatrix}$$

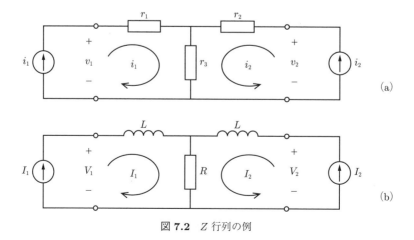

図 **7.2** Z 行列の例

二つ目は，電圧ベクトルが与えられたときに，電流ベクトルが得られる表現で，つぎのように定式化される。

$$\begin{bmatrix} I_1 \\ I_2 \end{bmatrix} = \begin{bmatrix} Y_{11} & Y_{12} \\ Y_{21} & Y_{22} \end{bmatrix} \begin{bmatrix} V_1 \\ V_2 \end{bmatrix}, \quad \begin{cases} I_1 = Y_{11}V_1 + Y_{12}V_2 \\ I_2 = Y_{21}V_1 + Y_{22}V_2 \end{cases} \tag{7.3}$$

これを，$\boldsymbol{I} = \boldsymbol{Y}\boldsymbol{V}$ と略記することがある。また，$Y_{11}, Y_{12}, Y_{21}, Y_{22}$ を $\boldsymbol{Y}$ パラメータあるいはアドミタンスパラメータ (admittance parameter) と呼ぶ。Y パラメータの単位は〔S〕である。また，$\boldsymbol{Y}$ を $\boldsymbol{Y}$ 行列あるいはアドミタンス行列 (admittance matrix) と呼ぶ。

例として，図 7.3(a) のコンダクタンスと電圧源からなる回路を考える。電圧源 (v_1, v_2) と節点電圧 (v_1, v_2) が一致することに注意して，KCL をを適用すると

$$-i_1 + g_1 v_1 + g_3(v_1 - v_2) = 0$$
$$-i_2 + g_2 v_2 + g_3(v_2 - v_1) = 0$$

を得る。整理すると Y 行列が得られる。

$$\begin{bmatrix} i_1 \\ i_2 \end{bmatrix} = \begin{bmatrix} g_1 + g_3 & -g_3 \\ -g_3 & g_2 + g_3 \end{bmatrix} \begin{bmatrix} v_1 \\ v_2 \end{bmatrix} \tag{7.4}$$

図 7.3(b) のように正弦波定常状態にある回路も同様に考えると，つぎのように Y 行列が得られる。

$$\begin{bmatrix} I_1 \\ I_2 \end{bmatrix} = \begin{bmatrix} G + j\omega C & -G \\ -G & G + j\omega C \end{bmatrix} \begin{bmatrix} V_1 \\ V_2 \end{bmatrix}$$

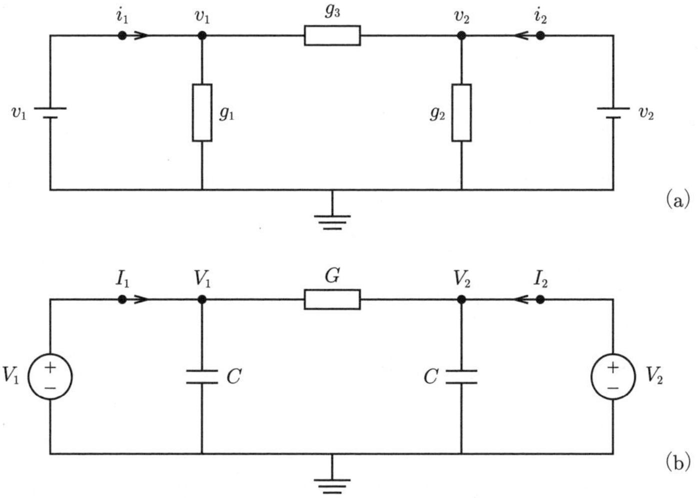

図 7.3 Y 行列の例

7.2 パラメータの意味と相反定理

Z パラメータが回路ではどのような意味をもつかを考える。式 (7.1) より，Z_{11} を求めるには，まず $I_2 = 0$ とする必要がある。これは，回路では図 **7.4** (a) のように 2 次側を開放することを意味する。そして，1 次側に電流源 I_1 を接続し，そのときの 1 次側の電圧を V_1 とする。これらの比が $Z_{11} = V_1/I_1$ である。Z_{12} を求めるには，まず図 7.4 (b) のように 1 次側を開放し，2 次側に電流源 I_2 を接続し，これと 1 次側の電圧 V_1 の比が $Z_{12} = V_1/I_2$ である。ほかの Z パラメータについても同様に考えることができる。まとめると図 7.4 のようになる。

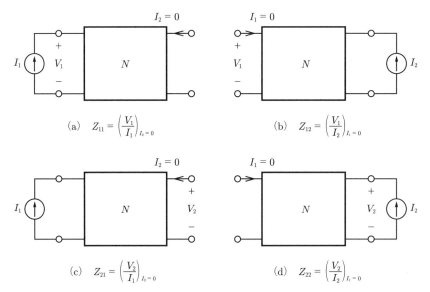

図 **7.4** Z パラメータの意味

Y パラメータについても同様な考察ができる。式 (7.3) より，Y_{11} を求めるには，まず $V_2 = 0$ とする必要がある。これは，回路では図 **7.5** (a) のように 2 次側をショートすることを意味する。そして，1 次側に電圧源 V_1 を接続し，これと 1 次側の電流 I_1 との比が $Y_{11} = I_1/V_1$ である。Y_{12} を求めるには，まず図 7.5 (b) のように 1 次側をショートし，2 次側に電圧源 V_2 を接続し，これと 1 次側の電流 I_1 の比が $Y_{12} = I_1/V_2$ である。ほかの Y パラメータについても同様に考えることができる。まとめると図 7.5 のようになる。

RLC から構成される回路では以下が成り立ち，これを**相反定理** (reciprocity theorem)[†] という。

Z パラメータ：$Z_{12} = Z_{21}$，　　Y パラメータ：$Y_{12} = Y_{21}$

[†] 狭義の相反定理ということもある。相反定理の一般的議論は参考文献 6) などを参照。

7.2 パラメータの意味と相反定理　89

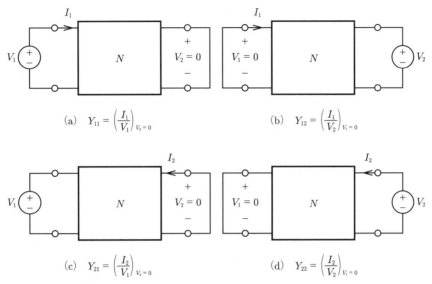

図 7.5　Y パラメータの意味

証明　図 7.6 に示した四つの節点をもつ回路例に対して証明する。一つの節点をアースとし，三つの節点電圧のフェーザを V_1, V_2, V_3 とすると，節点方程式はつぎのようになる。

$$\begin{bmatrix} G_{11} & G_{12} & G_{13} \\ G_{21} & G_{22} & G_{23} \\ G_{31} & G_{32} & G_{33} \end{bmatrix} \begin{bmatrix} V_1 \\ V_2 \\ V_3 \end{bmatrix} = \begin{bmatrix} I_1 \\ I_2 \\ 0 \end{bmatrix}$$

ただし，便宜のため

$$G_{11} \equiv g + g_1, \quad G_{12} \equiv -g, \quad G_{13} \equiv 0$$
$$G_{21} \equiv -g, \quad G_{22} \equiv 2g + g_2, \quad G_{23} \equiv -g$$
$$G_{31} \equiv 0, \quad G_{32} \equiv -g, \quad G_{33} \equiv g + g_3$$

とおいた。$I_1 = 0$ としてクラーメルの公式を用いると以下のように表せる。

$$V_1 = -\frac{I_2}{\Delta} \begin{vmatrix} G_{12} & G_{13} \\ G_{32} & G_{33} \end{vmatrix}, \quad \Delta \equiv \begin{vmatrix} G_{11} & G_{12} & G_{13} \\ G_{21} & G_{22} & G_{23} \\ G_{31} & G_{32} & G_{33} \end{vmatrix}$$

これより

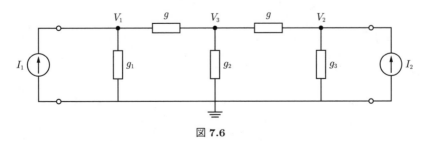

図 7.6

$$Z_{12} = \left(\frac{V_1}{I_2}\right)_{I_1=0} = \frac{-G_{12}G_{33} + G_{13}G_{32}}{\Delta}$$

を得る。同様に，$I_2 = 0$ としてクラーメルの公式を用いると

$$V_2 = -\frac{I_1}{\Delta}\begin{vmatrix} G_{21} & G_{23} \\ G_{31} & G_{33} \end{vmatrix}$$

を得る。これより

$$Z_{21} = \left(\frac{V_2}{I_1}\right)_{I_2=0} = \frac{-G_{21}G_{33} + G_{23}G_{31}}{\Delta}$$

を得る。節点方程式では，$G_{ij} = G_{ji}$ が成り立つので，$Z_{12} = Z_{21}$ となる。Y パラメータについても，網路方程式を用いて同様に証明できる。

□

例題 7.1 図 7.7 の 2 ポートの Y_{12} と Y_{21} を求めよ。

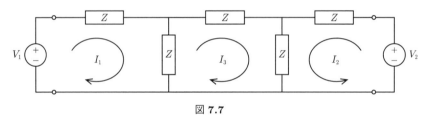

図 7.7

【解答】 各ループで KVL を適用し，網路方程式をたてる。

$$\left.\begin{array}{l} -V_1 + ZI_1 + Z(I_1 - I_3) = 0 \\ -V_2 + ZI_2 + Z(I_2 + I_3) = 0 \\ Z(I_3 - I_1) + ZI_3 + Z(I_3 + I_2) = 0 \end{array}\right\}, \quad \begin{bmatrix} 2Z & 0 & -Z \\ 0 & 2Z & Z \\ -Z & Z & 3Z \end{bmatrix}\begin{bmatrix} I_1 \\ I_2 \\ I_3 \end{bmatrix} = \begin{bmatrix} V_1 \\ V_2 \\ 0 \end{bmatrix}$$

$V_1 = 0$ とすると $I_1 = -\dfrac{V_2}{8Z}$ が求められる。したがって，次式のように求まる。

$$Y_{12} = \left(\frac{I_1}{V_2}\right)_{V_1=0} = -\frac{1}{8Z}$$

$V_2 = 0$ とすると $I_2 = -\dfrac{V_1}{8Z}$ が求められる。したがって，次式のように求まる。

$$Y_{21} = \left(\frac{I_2}{V_1}\right)_{V_2=0} = -\frac{1}{8Z}$$

◇

7.3 2ポートの等価

二つの2ポートがあり，その内部構造が異なっていても，Z行列やY行列が同じであれば，外部からは区別がつかない。このような二つの2ポートは等価であるという。

例として，図 **7.8** の回路 A と回路 B が等価となる条件を考える。回路 A に KVL を適用すると，式 (7.2) と同様にして，Z 行列が求められる。

$$\begin{bmatrix} V_1 \\ V_2 \end{bmatrix} = \begin{bmatrix} Z_1 + Z_3 & Z_3 \\ Z_3 & Z_2 + Z_3 \end{bmatrix} \begin{bmatrix} I_1 \\ I_2 \end{bmatrix}, \quad \boldsymbol{V} = \boldsymbol{ZI} \text{ と略す}$$

回路 B に KCL を適用すると，式 (7.4) と同様にして，Y 行列が求められる。

$$\begin{bmatrix} I_1 \\ I_2 \end{bmatrix} = \begin{bmatrix} Y_1 + Y_3 & -Y_3 \\ -Y_3 & Y_2 + Y_3 \end{bmatrix} \begin{bmatrix} V_1 \\ V_2 \end{bmatrix}, \quad \boldsymbol{I} = \boldsymbol{YV} \text{ と略す}$$

ここで $\boldsymbol{Z} = \boldsymbol{Y}^{-1}$ であれば，回路 A の Z 行列は，回路 B の Z 行列と一致し，回路 A と回路 B は等価となる。簡単のため $Y_1 = Y_2 = Y_3 \equiv Y$ とすると

$$\begin{bmatrix} Z_1 + Z_3 & Z_3 \\ Z_3 & Z_2 + Z_3 \end{bmatrix} = \begin{bmatrix} 2Y & -Y \\ -Y & 2Y \end{bmatrix}^{-1} = \frac{1}{3Y^2} \begin{bmatrix} 2Y & Y \\ Y & 2Y \end{bmatrix}$$

となる。これより

$$Z_1 = Z_2 = Z_3 = \frac{1}{3Y}$$

を得る。これは，例題 5.4 で説明した Y–Δ 変換にほかならない。

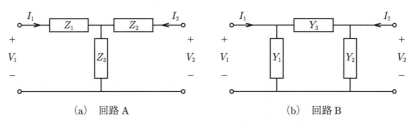

(a) 回路 A 　　　　　　　(b) 回路 B

図 **7.8** 2ポートの等価

7.4 伝送行列

2ポートの三つ目の表現は,「1次側のポート電圧 V_1 とポート電流 I_1 を入力」,「2次側のポート電圧 V_2 とポート電流 I_2 を出力」とみなして入出力関係を表すものであり,つぎのように定式化される(**図 7.9**(a) 参照)。

$$\begin{bmatrix} V_1 \\ I_1 \end{bmatrix} = \begin{bmatrix} A & B \\ C & D \end{bmatrix} \begin{bmatrix} V_2 \\ -I_2 \end{bmatrix}, \quad \begin{cases} V_1 = AV_2 + B(-I_2) \\ I_1 = CV_2 + D(-I_2) \end{cases}$$

これを,$\boldsymbol{X}_1 = \boldsymbol{F}\boldsymbol{X}_2$ と略記する。行列 $\boldsymbol{F}$ を **伝送行列** (transmission matrix) と呼ぶ。また,$A,\ B,\ C,\ D$ を **伝送パラメータ** (transmisson parameter) と呼ぶ。図 7.9(b) の回路例では

$$V_1 = ZI_1 + V_2$$
$$I_1 = YV_2 - I_2$$

となり,右辺の I_1 を消去すると伝送行列が得られる。

$$\begin{bmatrix} V_1 \\ I_1 \end{bmatrix} = \begin{bmatrix} 1+ZY & Z \\ Y & 1 \end{bmatrix} \begin{bmatrix} V_2 \\ -I_2 \end{bmatrix}$$

Z パラメータや Y パラメータと同様に,伝送パラメータの意味は**図 7.10** のようになる。Z パラメータや Y パラメータはすべて同じ次元であったが,伝送パラメータはおのおのの次元が異なることに注意する。図 7.9(b) の回路の伝送パラメータは以下のようになる。

$$A = \left(\frac{V_1}{V_2}\right)_{I_2=0} = 1+ZY \ \text{〔無次元〕}, \quad B = \left(\frac{V_1}{-I_2}\right)_{V_2=0} = Z \ \text{〔Ω〕}$$
$$C = \left(\frac{I_1}{V_2}\right)_{I_2=0} = Y \ \text{〔S〕}, \quad D = \left(\frac{I_1}{-I_2}\right)_{V_2=0} = 1 \ \text{〔無次元〕}$$

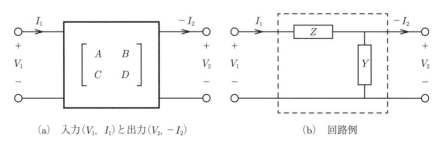

(a) 入力$(V_1,\ I_1)$と出力$(V_2,\ -I_2)$ (b) 回路例

図 **7.9** 伝送行列

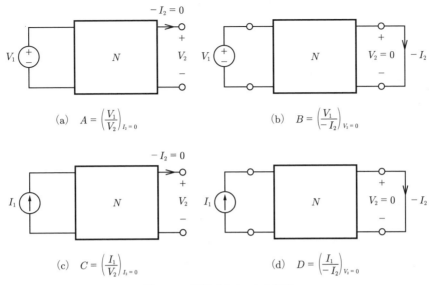

図 7.10 伝送パラメータの意味

7.5 入力インピーダンスとジャイレータ

伝送パラメータと関連した重要な概念である入力インピーダンスを説明する。図 7.11 のように，2 ポートの 2 次側にインピーダンス Z を接続し，1 次側から見たインピーダンスが**入力インピーダンス** (input impedance) であり，Z_{in} で表す。伝送パラメータを用いると

$$Z_{\text{in}} = \frac{V_1}{I_1} = \frac{AV_2 + B(-I_2)}{CV_2 + D(-I_2)}$$

となる。ここで，$V_2 = Z(-I_2)$ に注意すると，次式を得る。

$$Z_{\text{in}} = \frac{AZ + B}{CZ + D} \tag{7.5}$$

これは，2 ポートを用いると，インピーダンス Z を Z_{in} に変換できることを意味する。インピーダンスの変換を行う 2 ポートの典型例に，図 7.12 に示す**ジャイレータ** (gyrator) がある。特性はつぎの伝送行列で与えられる。

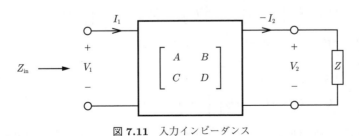

図 7.11 入力インピーダンス

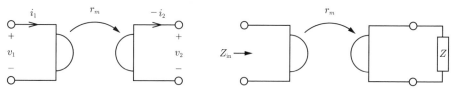

図 7.12　ジャイレータと入力インピーダンス

$$\begin{bmatrix} v_1 \\ i_1 \end{bmatrix} = \begin{bmatrix} 0 & -r_m \\ 1/r_m & 0 \end{bmatrix} \begin{bmatrix} v_2 \\ -i_2 \end{bmatrix} \tag{7.6}$$

r_m はジャイレーション抵抗と呼ばれるパラメータである．この 2 ポートはトランジスタ等によって実現できる．

図 7.12 に示したように，正弦波定常状態にある回路の 2 次側にインピーダンス Z を接続した場合を考える．このとき，入力インピーダンスは式 (7.5) より

$$Z_\text{in} = \frac{AZ + B}{CZ + D} = \frac{r_m^2}{Z} \tag{7.7}$$

となる．インピーダンスがキャパシタの場合，$Z = 1/j\omega C$ であるので

$$Z_\text{in} = j\omega r_m^2 C \equiv j\omega L_\text{eq}, \quad L_\text{eq} = r_m^2 C$$

となる．正の虚数のインピーダンスは，インダクタと等価であるので，Z_in は $L_\text{eq} = r_m^2 C$ のインダクタのインピーダンスと等価である．すなわち，ジャイレータを用いると，キャパシタをインダクタの等価回路に変換することができる．このような変換は，回路合成の技術の発展に大きく貢献した．

7.6　2 ポートの接続

まず，図 7.13 のように 2 ポートを**カスケード接続** (cascade connection) した場合を考える．この場合，各 2 ポートを伝送行列で表すと以下のようになる．

$$\begin{bmatrix} V_1 \\ I_1 \end{bmatrix} = \begin{bmatrix} A_1 & B_1 \\ C_1 & D_1 \end{bmatrix} \begin{bmatrix} V_2' \\ -I_2' \end{bmatrix}, \quad \begin{bmatrix} V_1' \\ I_1' \end{bmatrix} = \begin{bmatrix} A_2 & B_2 \\ C_2 & D_2 \end{bmatrix} \begin{bmatrix} V_2 \\ -I_2 \end{bmatrix}$$

$V_2' = V_1'$，$-I_2' = I_1'$ に注意すると

$$\begin{bmatrix} V_1 \\ I_1 \end{bmatrix} = \begin{bmatrix} A_1 & B_1 \\ C_1 & D_1 \end{bmatrix} \begin{bmatrix} A_2 & B_2 \\ C_2 & D_2 \end{bmatrix} \begin{bmatrix} V_2 \\ -I_2 \end{bmatrix}$$

となる．接続によって合成された 2 ポートの伝送行列は，もとの伝送行列の積で与えられる．

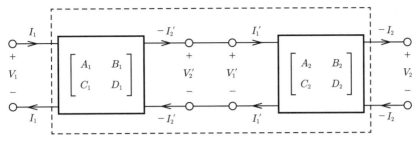

図 7.13 2 ポートのカスケード接続

図 7.14 のように 2 ポートを **並列接続** (parallel connection) した場合を考える。この場合，各 2 ポートを Y 行列で表すと

$$\begin{bmatrix} I_1' \\ I_2' \end{bmatrix} = \begin{bmatrix} Y_{11}' & Y_{12}' \\ Y_{21}' & Y_{22}' \end{bmatrix} \begin{bmatrix} V_1 \\ V_2 \end{bmatrix}, \quad \begin{bmatrix} I_1'' \\ I_2'' \end{bmatrix} = \begin{bmatrix} Y_{11}'' & Y_{12}'' \\ Y_{21}'' & Y_{22}'' \end{bmatrix} \begin{bmatrix} V_1 \\ V_2 \end{bmatrix}$$

となる。$I_1 = I_1' + I_1''$, $I_2 = I_2' + I_2''$ に注意すると

$$\begin{bmatrix} I_1 \\ I_2 \end{bmatrix} = \left[\begin{bmatrix} Y_{11}' & Y_{12}' \\ Y_{21}' & Y_{22}' \end{bmatrix} + \begin{bmatrix} Y_{11}'' & Y_{12}'' \\ Y_{21}'' & Y_{22}'' \end{bmatrix} \right] \begin{bmatrix} V_1 \\ V_2 \end{bmatrix}$$

となる。並列接続によって合成された 2 ポートの Y 行列は，もとの Y 行列の和で与えられる[†]。

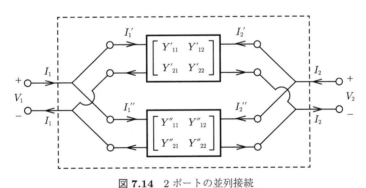

図 7.14 2 ポートの並列接続

図 7.15 のように 2 ポートを **直列接続** (series connection) した場合を考える。この場合，各 2 ポートを Z 行列で表すと

$$\begin{bmatrix} V_1' \\ V_2' \end{bmatrix} = \begin{bmatrix} Z_{11}' & Z_{12}' \\ Z_{21}' & Z_{22}' \end{bmatrix} \begin{bmatrix} I_1 \\ I_2 \end{bmatrix}, \quad \begin{bmatrix} V_1'' \\ V_2'' \end{bmatrix} = \begin{bmatrix} Z_{11}'' & Z_{12}'' \\ Z_{21}'' & Z_{22}'' \end{bmatrix} \begin{bmatrix} I_1 \\ I_2 \end{bmatrix}$$

となる。$V_1 = V_1' + V_1''$, $V_2 = V_2' + V_2''$ に注意すると

[†] 並列接続によって，もとの 2 ポートの Y 行列が変化するような場合は，この計算はできない。

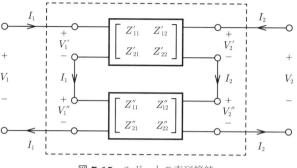

図 7.15 2ポートの直列接続

$$\begin{bmatrix} V_1 \\ V_2 \end{bmatrix} = \left[\begin{bmatrix} Z'_{11} & Z'_{12} \\ Z'_{21} & Z'_{22} \end{bmatrix} + \begin{bmatrix} Z''_{11} & Z''_{12} \\ Z''_{21} & Z''_{22} \end{bmatrix} \right] \begin{bmatrix} I_1 \\ I_2 \end{bmatrix}$$

となる．直列接続によって合成された2ポートの Z 行列は，もとの Z 行列の和で与えられる．

このような2ポートの接続の概念は，回路を合成する場合や，回路を分割して解析する場合に重要な役割を果たす．

7.7　相互インダクタ

3章でインダクタについて学んだが，ここでは，図 **7.16**(a) のように，二つのインダクタが相互作用する場合について考える．このとき，インダクタ L_1 の磁束は自分自身のみでなく，インダクタ L_2 にも影響をおよぼす．自分自身に影響をおよぼす磁束の成分を ϕ_{11}，L_2 に影響をおよぼす磁束成分を ϕ_{12} とする．インダクタ L_2 も同様で，その磁束成分 ϕ_{22} は自分自身に影響をおよぼし，磁束成分 ϕ_{21} はインダクタ L_1 に影響をおよぼす．その特性は次式で与えられることが知られている．

$$\left. \begin{aligned} v_1 &= \frac{d}{dt}\phi_{11} + \frac{d}{dt}\phi_{12} \\ v_2 &= \frac{d}{dt}\phi_{22} + \frac{d}{dt}\phi_{21} \end{aligned} \right\} \tag{7.8}$$

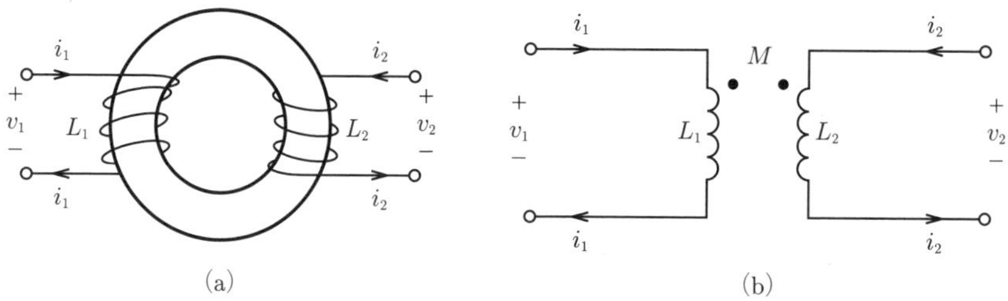

図 7.16 相互インダクタ

あるいは

$$\left.\begin{array}{l}v_1 = L_1 \dfrac{d}{dt}i_1 + M\dfrac{d}{dt}i_2 \\ v_2 = L_2 \dfrac{d}{dt}i_2 + M\dfrac{d}{dt}i_1\end{array}\right\} \quad (7.9)$$

この素子は**相互インダクタ** (mutual inductor) と呼ばれ，図 7.16 (b) の記号で表される．その特性は電流ベクトル (i_1, i_2) と電圧ベクトル (v_1, v_2) の関係で表現されるので，相互インダクタは，2 ポートとして取り扱える．

抵抗 R，インダクタ L，キャパシタ C，インダクタ M，ジャイレータが五つの基本回路素子といわれている．

ここで，図 **7.17** (a) のように角周波数 ω の正弦波電源が接続され，正弦波定常状態にある場合を考える．この回路にフェーザ法と KVL を適用すると以下が導ける．

$$\left.\begin{array}{l}-E_1 + RI_1 + V_1 = 0 \\ RI_2 + V_2 = 0\end{array}\right\}, \quad \left.\begin{array}{l}V_1 = j\omega L_1 I_1 + j\omega M I_2 \\ V_2 = j\omega L_2 I_2 + j\omega M I_1\end{array}\right\} \quad (7.10)$$

相互インダクタは，つぎの Z 行列で表現できる．

$$\begin{bmatrix}V_1 \\ V_2\end{bmatrix} = \begin{bmatrix}j\omega L_1 & j\omega M \\ j\omega M & j\omega L_2\end{bmatrix}\begin{bmatrix}I_1 \\ I_2\end{bmatrix}$$

さらに

$$V_1 = j\omega(L_1 - M)I_1 + j\omega M(I_1 + I_2)$$
$$V_2 = j\omega(L_2 - M)I_2 + j\omega M(I_1 + I_2)$$

と書けることに注意すれば，相互インダクタは，図 7.17 (b) のインダクタ三つの回路と等価であることがわかる．この等価回路は，解析や設計に便利である．また，相互インダクタで，$L_1/M = M/L_2$ が一定で，L_1 と L_2 が十分大きい場合，その特性はつぎの伝送行列で記述される．

$$\begin{bmatrix}V_1 \\ I_1\end{bmatrix} = \begin{bmatrix}a & 0 \\ 0 & 1/a\end{bmatrix}\begin{bmatrix}V_2 \\ -I_2\end{bmatrix}, \quad a \equiv \dfrac{L_1}{M} = \dfrac{M}{L_2}$$

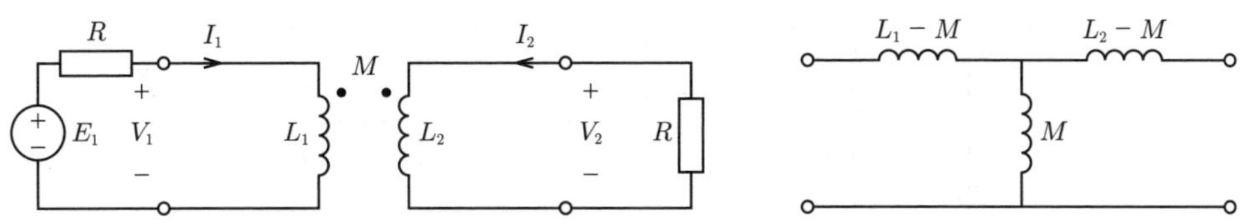

(a) 正弦波定常状態　　　　(b) 等価回路

図 7.17 相互インダクタ

これを**理想変成器** (ideal transformer) と呼び，図 **7.18** (a) の記号で表す。ここで

$$V_1 I_1 = aV_2 \frac{1}{a}(-I_2) = -V_2 I_2$$

が成り立つので，1 次側の電力がロスなく 2 次側に伝送されることがわかる。図 7.18 (b) のように 2 次側にインピーダンス Z を接続したとき，入力インピーダンスは式 (7.5) より

$$Z_{\text{in}} = \frac{AZ+B}{CZ+D} = a^2 Z \tag{7.11}$$

となる。すなわち，インピーダンスが a^2 倍となり，理想変成器によってインピーダンスのレベル変換が行われることがわかる。

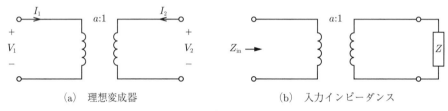

(a) 理想変成器　　(b) 入力インピーダンス

図 **7.18**　インピーダンスレベル変換

7.8　従属電源

2 ポートで表現できる重要な素子に，**従属電源** (dependent source) がある。これは，回路の一部の電圧あるいは電流に依存してその値が決まる電源であり，図 **7.19** に示した 4 種類がある。

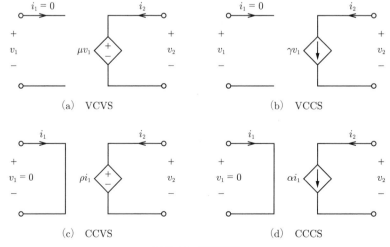

(a) VCVS　　(b) VCCS

(c) CCVS　　(d) CCCS

図 **7.19**　従属電源

- 電圧制御電圧源 (voltage–controlled voltage source, **VCVS**)
- 電圧制御電流源 (voltage–controlled current source, **VCCS**)
- 電流制御電圧源 (current–controlled voltage source, **CCVS**)
- 電流制御電流源 (current–controlled current source, **CCCS**)

1.5 節で説明した電圧源や電流源は，外部の状況にかかわりなくその値が決まるので，独立電源であるが，この 4 種類の電源は従属電源である．その特性は以下のように記述される．

$$\text{VCVS：} \quad v_2 = \mu v_1, \quad \begin{bmatrix} i_1 \\ v_2 \end{bmatrix} = \begin{bmatrix} 0 & 0 \\ \mu & 0 \end{bmatrix} \begin{bmatrix} v_1 \\ i_2 \end{bmatrix}$$

$$\text{VCCS：} \quad i_2 = \gamma v_1, \quad \begin{bmatrix} i_1 \\ i_2 \end{bmatrix} = \begin{bmatrix} 0 & 0 \\ \gamma & 0 \end{bmatrix} \begin{bmatrix} v_1 \\ v_2 \end{bmatrix}$$

$$\text{CCVS：} \quad v_2 = \rho i_1, \quad \begin{bmatrix} v_1 \\ v_2 \end{bmatrix} = \begin{bmatrix} 0 & 0 \\ \rho & 0 \end{bmatrix} \begin{bmatrix} i_1 \\ i_2 \end{bmatrix}$$

$$\text{CCCS：} \quad i_2 = \alpha i_1, \quad \begin{bmatrix} v_1 \\ i_2 \end{bmatrix} = \begin{bmatrix} 0 & 0 \\ \alpha & 0 \end{bmatrix} \begin{bmatrix} i_1 \\ v_2 \end{bmatrix}$$

このように，VCCS は Y 行列，CCVS は Z 行列で表現される．VCVS と CCCS の表現法はハイブリッド行列と呼ばれ，トランジスタの等価回路の表現等にも用いられている．

従属電源を使うとさまざまな回路を作ることができる．ここでは VCVS を用いた二つの例を紹介する．

〔1〕 **電圧フォロア**　図 **7.20** の回路の VCVS の特性は $v_2 = v_1$ である．正弦波電源 $e(t)$ が印加された RC 回路のキャパシタ電圧が v_1 であり，これを VCVS でコピーして回路 N に入力している．例えば，回路 N が測定回路である場合，その測定回路の影響によって v_1 を変化させることなく測定することができる．回路 N の入力は VCVS で与えられるので，回路 N の内容にかかわりなく v_1 である．もし，RC 回路をそのまま回路 N に入力すると，v_1 は RC 回路と回路 N を接続した回路のキャパシタ電圧となり，RC 回路のキャパシタ電圧ではなくなる．したがって，RC 回路のキャパシタ電圧は測定できなくなる．このように，$v_2 = v_1$ という簡素な特性をもつ VCVS は重要な役割を果たすことができる．v_2 が v_1 に従

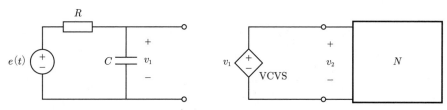

図 **7.20**　電圧フォロア

うので，この回路は**電圧フォロア** (voltage follower) などと呼ばれている。

〔**2**〕 **負 性 抵 抗**　図 **7.21** の回路では，VCVS の出力が抵抗 R を介して 1 次側にフィードバックされている。左側の端子電圧 v と電流 i の関係は

$$i = \frac{v_1 - \mu v_1}{R}, \quad v = v_1$$

なので

$$i = -\frac{\mu - 1}{R} v$$

となる。もし，$\mu > 2$ であれば，等価的に負の値をもつ抵抗が実現できたことになる。

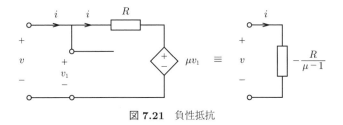

図 **7.21**　負性抵抗

例えば，$\mu = 2$ であればつぎのようになる。

$$i = -\frac{1}{R} v$$

このような抵抗は，**負性抵抗** (negative resistor) と呼ばれる。従属電源には膨大な応用例があるが，その詳細は電子回路や非線形回路の専門書に譲ることにする。

章 末 問 題

【**1**】 Z 行列による表現

$$\begin{bmatrix} V_1 \\ V_2 \end{bmatrix} = \begin{bmatrix} Z_{11} & Z_{12} \\ Z_{21} & Z_{22} \end{bmatrix} \begin{bmatrix} I_1 \\ I_2 \end{bmatrix}$$

を，伝送行列による表現に変換せよ。

【**2**】 Y 行列による表現

$$\begin{bmatrix} I_1 \\ I_2 \end{bmatrix} = \begin{bmatrix} Y_{11} & Y_{12} \\ Y_{21} & Y_{22} \end{bmatrix} \begin{bmatrix} V_1 \\ V_2 \end{bmatrix}$$

を，伝送行列による表現に変換せよ。

【3】伝送行列による表現

$$\begin{bmatrix} V_1 \\ I_1 \end{bmatrix} = \begin{bmatrix} A & B \\ C & D \end{bmatrix} \begin{bmatrix} V_2 \\ -I_2 \end{bmatrix}$$

を，Y 行列による表現に変換せよ．

【4】図 7.22 (a) の 2 ポートの Z 行列を求めよ．また，図 7.22 (b) の 2 ポートの Y 行列を求めよ．ただし，回路は正弦波定常状態にあるものとする．

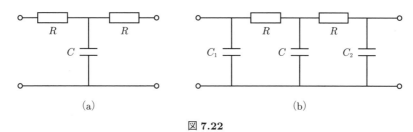

図 7.22

【5】図 7.23 の回路は $e(t) = E\cos\omega t$ であり，正弦波定常状態にある．破線で囲まれた 2 ポートの伝送行列を求めよ．また，$\omega CR = 1$ のときの v_2 を求めよ．

【6】図 7.24 の回路は $e(t) = E\cos\omega t$ であり，正弦波定常状態にある．破線で囲まれた 2 ポートの Z 行列を求めよ．また，2 次側をショートし，$M^2 = L_1 L_2$ のときの R_2 で消費する平均電力を求めよ．

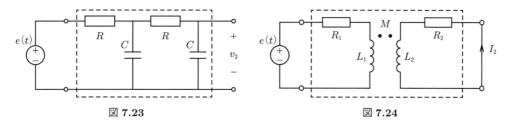

図 7.23　　　　　　　　　　図 7.24

【7】図 7.25 で，$i(t) = A\cos\omega t$ であり，回路は正弦波定常状態にある．VCCS の特性は $i_1 = -gv_2$，$i_2 = gv_1$ である．i_1 と v_1 のフェーザを I_1, V_1 としたとき，$Y_{\text{in}} = I_1/V_1$ を求めよ．また，V_1 を求め，$|V_1|$ が最大となる g を求めよ．

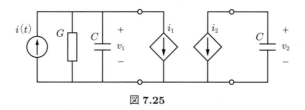

図 7.25

【8】図7.26で，$e(t) = E\sin\omega t$ であり，回路は正弦波定常状態にある。VCVS の特性は $v_1 = av_2$，CCCS の特性は $i_2 = -ai_1$ である。i_1 と v_1 のフェーザを I_1, V_1 としたとき，$Z_\text{in} = V_1/I_1$ を求めよ。また，I_1 を求め，R で消費する電力が最大となる a を求めよ。

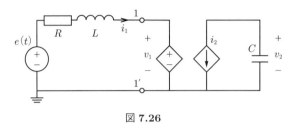

図 7.26

8 RLC 回路の解析

キャパシタやインダクタを含む回路の電圧や電流の波形は，電気的エネルギーと磁気的エネルギーの交換により，振動することができる．ここでは，抵抗，インダクタ，キャパシタを含む回路の動作を2階の常微分方程式で記述して考察する．このような回路の動作を理解することは，さまざまな回路の動作を考察するための基礎となる．

8.1 LC回路と振動

図 8.1 の LC 回路を考える．簡単のため，インダクタ L の内部抵抗を $r_L = 0$ として省略し，理想的な回路を考える．このような理想回路は，振動現象を簡潔に考えるため便利である．まず，回路を記述する**微分方程式** (differential equation) を導出する．KVL と KCL を用いると次式を得る．

$$\text{KVL}: -L\frac{di}{dt} + v = 0, \quad \text{KVL}: C\frac{dv}{dt} + i = 0$$

第1式を微分すると，$L\dfrac{d^2i}{dt^2} = \dfrac{dv}{dt}$ となり，これと第2式から $\dfrac{dv}{dt}$ を消去すると

$$\frac{d^2i}{dt^2} + \frac{1}{LC}i = 0 \tag{8.1}$$

を得る．初期条件を

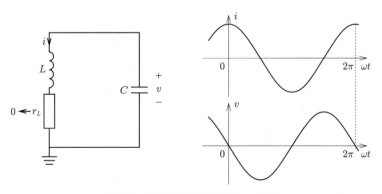

図 8.1 LC 回路（理想回路）と波形

$$t=0 \text{ で } \quad i=i_0, \quad \frac{di}{dt}=\frac{v_0}{L}=y_0$$

とすると，式 (8.1) の解は次式で与えられる．

$$i=i_0\cos\omega_0 t+\frac{y_0}{\omega_0}\sin\omega_0 t \quad \left(\text{ただし，} \omega_0\equiv\frac{1}{\sqrt{LC}}\right) \tag{8.2}$$

証明 式 (8.2) を証明する．まず，同式に $t=0$ を代入すると，$i=i_0$ となるので，式 (8.2) は初期条件を満たしている．また，式 (8.2) を微分すると，$\frac{di}{dt}=-\omega_0 i_0\sin\omega_0 t+y_0\cos\omega_0 t$ となり，これに $t=0$ を代入すると $\frac{di}{dt}(0)=y_0$ となり，式 (8.2) は初期条件を満たす．$\frac{di}{dt}$ を微分すると

$$\frac{d^2 i}{dt^2}=-\omega_0^2 i_0\cos\omega_0 t-\omega_0 y_0\sin\omega_0 t=-\omega_0^2 i$$

となり，式 (8.2) は式 (8.1) を満たす． □

図 8.1 に，$i_0>0, y_0=0$ の場合の波形を示す．周期 $T=2\pi/\sqrt{LC}$ で振動している．電気的エネルギー $\frac{1}{2}Cv^2$ と，磁気的エネルギー $\frac{1}{2}Li^2$ の交換によって振動が生じている．キャパシタンス C あるいはインダクタンス L の値が小さいと，エネルギーの交換にかかる時間が短く，周期が短く（周波数が高く）なる．

8.2　RLC 回路を記述する微分方程式

抵抗，キャパシタ，インダクタ，電源から構成される RLC 回路として，図 **8.2** に示す並列型と直列型の 2 種類の回路を考える．KCL と KVL を用いると，次式を得る．

$$並列型： -i_s(t)+Gv+C\frac{dv}{dt}+i=0, \quad -v+L\frac{di}{dt}=0 \tag{8.3}$$

$$直列型： -e_s(t)+Ri+L\frac{di}{dt}+v=0, \quad -i+C\frac{dv}{dt}=0 \tag{8.4}$$

ただし，$i_s(t)$ は電流源，$e_s(t)$ は電圧源を表す．これらの電源の波形にはさまざまなものが考えられるが，本章では，直流か交流を対象とし，具体的な波形は後で示す．式 (8.3) の第 2 式とその微分

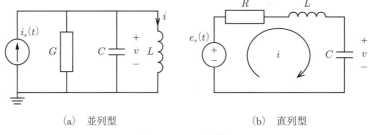

(a) 並列型　　　　　(b) 直列型

図 **8.2**　RLC 回路

$$-v + L\frac{di}{dt} = 0, \qquad -\frac{dv}{dt} + L\frac{d^2i}{dt^2} = 0$$

を式 (8.3) の第 1 式に代入して v を消去すると次式を得る。

$$\frac{d^2i}{dt^2} + \frac{G}{C}\frac{di}{dt} + \frac{1}{LC}i = \frac{1}{LC}i_s(t) \tag{8.5}$$

式 (8.4) の第 2 式とその微分

$$-i + C\frac{dv}{dt} = 0, \qquad -\frac{di}{dt} + C\frac{d^2v}{dt^2} = 0$$

を式 (8.4) の第 1 式に代入して i を消去すると次式を得る。

$$\frac{d^2v}{dt^2} + \frac{R}{L}\frac{dv}{dt} + \frac{1}{LC}v = \frac{1}{LC}e_s(t) \tag{8.6}$$

式 (8.5) と式 (8.6) が RLC 回路を記述する **2 階の微分方程式** (second–order differential equation) である。この二つの式は同じ形をしているので，次式を用いて一緒に考えていくこととする。

$$\ddot{x} + 2\delta\dot{x} + \omega_0^2 x = \omega_0^2 u(t) \qquad (初期条件は t=0, x(0), \dot{x}(0) とする) \tag{8.7}$$

ただし，$\dot{x} \equiv dx/dt$, $\ddot{x} \equiv d^2x/dt^2$, $\omega_0^2 = 1/\sqrt{LC}$ である。また，式 (8.5) では $2\delta = G/C$, $u(t) = i_s(t)$ である。式 (8.6) では $2\delta = R/L$, $u(t) = e_s(t)$ である。

8.3 指数関数代入法

本節では式 (8.7) で $u(t) = 0$ の場合を考え，8.4 節と 8.5 節で $u(t) \neq 0$ の場合を考察する。$u(t) = 0$ は，図 8.2 (a) の並列型回路では電圧源をショート，図 8.2 (b) の直列型回路では電流源を開放した場合に対応する。

$$\ddot{x} + 2\delta\dot{x} + \omega_0^2 x = 0 \qquad (初期条件：t=0, x(0), \dot{x}(0)) \tag{8.8}$$

LC 回路を記述する微分方程式 (8.1) の解は，まず解の式を与え，それが方程式を満たすことを証明して説明した。RLC 回路を記述する 2 階微分方程式 (8.8) については，それを解く方法を説明する。いくつかの方法があるが，ここでは指数関数代入法を説明し，9 章でラプラス変換による方法を説明する。

指数関数代入法では，$x = ke^{st}$ を式 (8.8) に代入し，s と k を求める。s は特性根と呼ばれ，方程式で決まる。k は **任意定数** (arbitrary constant) と呼ばれ，**初期条件** (initial condition) で決まる。指数関数代入法は，指数関数は微分しても積分しても指数関数であることを利用した方法である。$x = ke^{st}$ を式 (8.8) に代入すると

8. RLC 回路の解析

$$s^2 ke^{st} + 2\delta s ke^{st} + \omega_0^2 ke^{st} = (s^2 + 2\delta s + \omega_0^2)ke^{st} = 0$$

を得る。この式が ke^{st} にかかわらず成立するためには

$$s^2 + 2\delta s + \omega_0^2 = 0 \tag{8.9}$$

を満たされなくてはならない。式 (8.9) は特性方程式と呼ばれる。その根は特性根である。ここでは，特性根を虚数，複素数，2 実根，重根の四つに場合分けして解を求める。

〔1〕 特性根が純虚数の場合　$2\delta = 0$ の場合，特性根は純虚数 $s = \pm j\omega_0$ となる。回路では図 8.1 の LC 回路に対応する。このとき，$x = ke^{j\omega_0 t}$ と $x = ke^{-j\omega_0 t}$ は式 (8.8) を満たすので，これらを足し合わせたもの

$$x = k_1 e^{j\omega_0 t} + k_2 e^{-j\omega_0 t} \tag{8.10}$$

も式 (8.8) を満たす。この任意定数を含む解を**一般解** (general solution) と呼ぶ。これに対して，初期条件で任意定数が決まったものを**解** (solution) と呼ぶ。式 (8.10) の x は電圧か電流に対応し，実数であるので，**オイラーの公式** (Eular's formula) を用いて一般解を実数の形にする。

$$\begin{aligned} x &= k_1(\cos\omega_0 t + j\sin\omega_0 t) + k_2(\cos\omega_0 t - j\sin\omega_0 t) \\ &= A\cos\omega_0 t + B\sin\omega_0 t \end{aligned} \tag{8.11}$$

ただし，$A \equiv k_1 + k_2$, $B \equiv j(k_1 - k_2)$ である。x が実数であるので A と B は実数である。k_1 と k_2 は複素数であり，たがいに複素共役である。式 (8.11) の表現が実数形の一般解であり，A と B は実数形の任意定数である。以下では，この実数形の一般解を対象とすることにする。任意定数を決めるには，任意定数の数が初期値の数と一致している必要がある。ここでは任意定数は A と B の二つであり，初期値も $x(0)$ と $\dot{x}(0)$ の二つである（LC 回路では $v(0)$ と $\dot{v}(0) = i(0)/C$ の二つ）。A と B の計算の説明の便宜のため，一般解とその導関数を行列表示する。

$$\begin{bmatrix} x \\ \dot{x} \end{bmatrix} = \begin{bmatrix} \cos\omega_0 t & \sin\omega_0 t \\ -\omega_0 \sin\omega_0 t & \omega_0 \cos\omega_0 t \end{bmatrix} \begin{bmatrix} A \\ B \end{bmatrix}$$

これに初期条件 $(t, x, \dot{x}) = (0, x(0), \dot{x}(0))$ を代入すると

$$\begin{bmatrix} x(0) \\ \dot{x}(0) \end{bmatrix} = \begin{bmatrix} 1 & 0 \\ 0 & \omega_0 \end{bmatrix} \begin{bmatrix} A \\ B \end{bmatrix}$$

を得る。これは任意定数 A と B に関する連立方程式であり，$A = x(0)$, $B = \dot{x}(0)/\omega_0$ と求まる。したがって，解は次式のように求まる。いうまでもなく，これは式 (8.2) と一致する。

$$x = x(0)\cos\omega_0 t + \frac{\dot{x}(0)}{\omega_0}\sin\omega_0 t$$

〔2〕 **特性根が複素数の場合**　R が小さく $\delta^2 < \omega_0^2$ の場合，特性根は複素数となる。これを $s = -\delta \pm j\omega_1$ と記す ($\omega_1 \equiv \sqrt{\omega_0^2 - \delta^2}$)。$2\delta = G/C$ あるいは $2\delta = R/L$ なので，$\delta > 0$ であり，特性根の実部は負となる ($-\delta < 0$)。抵抗もキャパシタもインダクタもエネルギーを供給する素子ではないので，特性根の実部が正となることはない。特性根が $s = -\delta \pm j\omega_1$ のとき，複素形の一般解は以下のようになる。

$$x = k_1 e^{(-\delta+j\omega_1)t} + k_2 e^{(-\delta-j\omega_1)t} = e^{-\delta t}(k_1 e^{j\omega_1 t} + k_2 e^{-j\omega_1 t})$$

前述と同様に，オイラーの公式で実数形にする。

$$x = e^{-\delta t}\{k_1(\cos\omega_1 t + j\sin\omega_1 t) + k_2(\cos\omega_1 t - j\sin\omega_1 t)\}$$
$$= e^{-\delta t}(A\cos\omega_1 t + B\sin\omega_1 t)$$

ただし，$A \equiv k_1 + k_2$, $B \equiv j(k_1 - k_2)$ である。A と B は実数であり，k_1 と k_2 は複素数である。A と B を求めるために，行列表示する。

$$\begin{bmatrix} x \\ \dot{x} \end{bmatrix} = \begin{bmatrix} e^{-\delta t}\cos\omega_1 t & e^{-\delta t}\sin\omega_1 t \\ e^{-\delta t}(-\delta\cos\omega_1 t - \omega_1\sin\omega_1 t) & e^{-\delta t}(-\delta\sin\omega_1 t + \omega_1\cos\omega_1 t) \end{bmatrix} \begin{bmatrix} A \\ B \end{bmatrix}$$

初期値を代入すると，A と B に関する連立方程式を得る。

$$\begin{bmatrix} 1 & 0 \\ -\delta & \omega_1 \end{bmatrix} \begin{bmatrix} A \\ B \end{bmatrix} = \begin{bmatrix} x(0) \\ \dot{x}(0) \end{bmatrix}$$

これより，$A = x(0)$, $B = (\dot{x}(0) + \delta x(0))/\omega_1$ が求められ，解は以下のようになる。

$$x = x(0)e^{-\delta t}\cos\omega_1 t + \frac{\dot{x}(0) + \delta x(0)}{\omega_1}e^{-\delta t}\sin\omega_1 t$$

図 **8.3** (a) に示したように，x の波形は振動しながら減衰する。これを**減衰振動** (damped oscillation) と呼ぶ。理想的な LC 回路では，波形は振動を繰り返すが，実際の回路は必ず抵抗が存在するので，振動は減衰していき，十分時間が経過すると 0 に収束する。

〔3〕 **特性根が負の 2 実根の場合**　R あるいは G が大きく $\delta^2 > \omega_0^2$ の場合，特性根は負の 2 実根となる。これを $s = -\alpha, -\beta$ と記す。

抵抗もキャパシタもインダクタもエネルギーを供給する素子ではないので，特性根が正の実数根となることはない ($-\alpha < 0$, $-\beta < 0$)。一般解は次式のようになる。

108   8. RLC 回路の解析

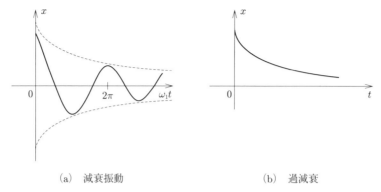

(a)　減衰振動   (b)　過減衰

図 **8.3**　解の波形

$$x = k_1 e^{-\alpha t} + k_2 e^{-\beta t}$$

x は実数であり，任意定数 k_1 と k_2 も実数である。k_1 と k_2 を求めるために行列表示を行う。

$$\begin{bmatrix} x \\ \dot{x} \end{bmatrix} = \begin{bmatrix} e^{-\alpha t} & e^{-\beta t} \\ -\alpha e^{-\alpha t} & -\beta e^{-\beta t} \end{bmatrix} \begin{bmatrix} k_1 \\ k_2 \end{bmatrix}$$

初期条件を代入すると，k_1 と k_2 に関する連立方程式を得る。

$$\begin{bmatrix} 1 & 1 \\ -\alpha & -\beta \end{bmatrix} \begin{bmatrix} k_1 \\ k_2 \end{bmatrix} = \begin{bmatrix} x(0) \\ \dot{x}(0) \end{bmatrix}$$

これを解くと任意定数 k_1 と k_2 が求まり，解はつぎのように求められる。

$$x = \frac{\beta x(0) + \dot{x}(0)}{\beta - \alpha} e^{-\alpha t} + \frac{\alpha x(0) + \dot{x}(0)}{\alpha - \beta} e^{-\beta t}$$

図 8.3(b) に示したように x の波形は指数関数的に減衰する。これを**過減衰** (over–damping) と呼ぶ。

〔**4**〕 **特性根が重根の場合**　　$\delta^2 = \omega_0^2$ のとき，特性根は負の重根となる。これを $s = -\gamma$ と書く。$-\gamma < 0$ である。実際の回路では，回路の素子値は揺らいでおり，特性根が正確に重根になることはない。重根をもつのは，理想的な回路である。一般解は次式のようになる。

$$x = k_1 e^{-\gamma t} + k_2 t e^{-\gamma t}$$

簡単のため，ここではこの一般解の導出法を省略し，9 章でラプラス変換を用いて導出することにする。任意定数を求めるために，行列表示を行う。

$$\begin{bmatrix} x \\ \dot{x} \end{bmatrix} \begin{bmatrix} e^{-\gamma t} & t e^{-\gamma t} \\ -\gamma e^{-\gamma t} & e^{-\gamma t} - \gamma t e^{-\gamma t} \end{bmatrix} \begin{bmatrix} k_1 \\ k_2 \end{bmatrix}$$

これに初期値を代入して，k_1 と k_2 に関する連立方程式が得られる。

$$\begin{bmatrix} 1 & 0 \\ -\gamma & 1 \end{bmatrix} \begin{bmatrix} k_1 \\ k_2 \end{bmatrix} = \begin{bmatrix} x(0) \\ \dot{x}(0) \end{bmatrix}$$

これを解いて k_1 と k_2 が得られる。解は次式のようになる。

$$x = x(0)e^{-\gamma t} + (\dot{x}(0) + \gamma x(0))te^{-\gamma t}$$

例題 8.1 $\ddot{x} + 4\dot{x} + 8x = 0$, $x(0) = 1$, $\dot{x}(0) = 1$ を解け。

【解答】 特性方程式は $s^2 + 4s + 8 = 0$ であり，これを解くと，特性根は $s = -2 \pm 2j$ となる。したがって，一般解はつぎのようになる。

$$x = e^{-2t}(A\cos 2t + B\sin 2t)$$

一般解とその導関数を行列表示すると，つぎのようになる。

$$\begin{bmatrix} x \\ \dot{x} \end{bmatrix} = e^{-2t} \begin{bmatrix} \cos 2t & \sin 2t \\ -2\cos 2t - 2\sin 2t & -2\sin 2t + 2\cos 2t \end{bmatrix} \begin{bmatrix} A \\ B \end{bmatrix}$$

これに初期条件 $(t, x, \dot{x}) = (0, 1, 1)$ を代入すると次式が導かれる[†]。

$$\begin{bmatrix} 1 & 0 \\ -2 & 2 \end{bmatrix} \begin{bmatrix} A \\ B \end{bmatrix} = \begin{bmatrix} 1 \\ 1 \end{bmatrix}$$

任意定数は $A = 1$, $B = 3/2$ と求まり，解は $x = e^{-2t}(\cos 2t + 3/2 \sin 2t)$ となる。 ◇

例題 8.2 $\ddot{x} + 6\dot{x} + 8x = 0$, $x(0) = 1$, $\dot{x}(0) = 1$ を解け。

【解答】 特性方程式は $s^2 + 6s + 8 = 0$ となり，これを解くと特性根は $s = -2, -4$ となる。
一般解とその導関数を行列表示すると次式となる。

$$\begin{bmatrix} x \\ \dot{x} \end{bmatrix} = \begin{bmatrix} e^{-2t} & e^{-4t} \\ -2e^{-2t} & -4e^{-4t} \end{bmatrix} \begin{bmatrix} k_1 \\ k_2 \end{bmatrix}$$

初期値 ($x(0) = 1, \dot{x}(0) = 1$) を代入すると

$$\begin{bmatrix} 1 & 1 \\ -2 & -4 \end{bmatrix} \begin{bmatrix} k_1 \\ k_2 \end{bmatrix} = \begin{bmatrix} 1 \\ 1 \end{bmatrix}$$

となる。これより，任意定数は $k_1 = 5/2$, $k_2 = -3/2$ と求まり，解は $x = \dfrac{5}{2}e^{-2t} - \dfrac{3}{2}e^{-4t}$ となる。 ◇

[†] ($x(0) = 1, \dot{x}(0) = 1$) を初期値という。

8.4　正弦波電源を含む RLC 回路の解析

図 8.2 の RLC 回路で，電源が正弦波の場合を考える。

電流源： $i_s(t) = I\cos(\omega t + \phi)$

電圧源： $e_s(t) = E\cos(\omega t + \phi)$

回路を記述する微分方程式は次式のようになる。

$$\ddot{x} + 2\delta\dot{x} + \omega_0^2 x = a\cos(\omega t + \phi) \tag{8.12}$$

ただし，電流源の場合は $a = \omega_0^2 I$, 電圧源の場合は $a = \omega_0^2 E$ である。式 (8.7) の一般解はつぎのようになる。

$$x(t) = x_t(t) + x_s(t)$$

ただし，$x_t(t)$ は過渡解，$x_s(t)$ は正弦波定常解である。過渡解 x_t は式 (8.12) の右辺 $= 0$ ($a = 0$) の場合の解であり，前述の指数関数代入法で求められる。過渡解は十分時間が経過すると 0 に収束して消える。正弦波定常解 x_s は実際に観測される解で，角周波数 ω の正弦波である。正弦波定常解 x_s は式 (8.12) を満たす。

$$\ddot{x}_s + 2\delta\dot{x}_s + \omega_0^2 x_s = a\cos(\omega t + \phi) \tag{8.13}$$

x_s を求める方法はいくつか存在するが，7 章で説明したフェーザ法が便利である。式 (8.13) で，x_s をフェーザ X_s, 右辺をフェーザ $ae^{j\phi}$, 時間微分を $j\omega$ に置き換える。

$$(j\omega)^2 X_s + 2\delta j\omega X_s + \omega_0^2 X_s = ae^{j\phi}$$

これより，正弦波定常解が求められる。

$$x_s = |X_s|\cos(\omega t + \angle X_s), \quad X_s = \frac{ae^{j\phi}}{\omega_0^2 - \omega^2 + j2\delta\omega}$$

過渡解は特性根によって分類できる。その過渡解と正弦波定常解によって一般解が構成される。例えば，特性根が負の 2 実根（$s = -\alpha, -\beta$）の場合の一般解はつぎのようになる。

$$x = k_1 e^{-\alpha t} + k_2 e^{-\beta t} + |X_s|\cos(\omega t + \angle X_s)$$

k_1 と k_2 を求めるための行列表示はつぎのようになる。

$$\begin{bmatrix} x \\ \dot{x} \end{bmatrix} = \begin{bmatrix} e^{-\alpha t} & e^{-\beta t} \\ -\alpha e^{-\alpha t} & -\beta e^{-\beta t} \end{bmatrix} \begin{bmatrix} k_1 \\ k_2 \end{bmatrix} + \begin{bmatrix} |X_s|\cos(\omega t + \angle X_s) \\ -\omega|X_s|\sin(\omega t + \angle X_s) \end{bmatrix}$$

初期条件 $(t, x, \dot{x}) = (0, x(0), \dot{x}(0))$ を代入すると，k_1 と k_2 に関する連立方程式を得る。

$$\begin{bmatrix} 1 & 1 \\ -\alpha & -\beta \end{bmatrix} \begin{bmatrix} k_1 \\ k_2 \end{bmatrix} = \begin{bmatrix} x(0) - |X_s|\cos \angle X_s \\ \dot{x}(0) + \omega|X_s|\sin \angle X_s \end{bmatrix}$$

これを解くと任意定数 k_1 と k_2 が求まり，解が求められる。

例題 8.3 $\ddot{x} + 6\dot{x} + 8x = 2\cos(2t + \pi/4)$, $x(0) = 1$, $\dot{x}(0) = 1$ を解け。

【解答】 過渡解は右辺=0とした微分方程式より求まる。これは例題8.2の方程式と同じであり，過渡解は

$$x_t(t) = k_1 e^{-2t} + k_2 e^{-4t}$$

となる。ただし，k_1 と k_2 は任意定数である。正弦波定常解のフェーザを X_s とすると，$(2j)^2 X_s + 6j X_s + 8X_s = 2e^{j\pi/4}$ より，$X_s = e^{j\pi/4}/(2 + 3j)$ と求まる。正弦波定常解は

$$x_s = |X_s|\cos(2t + \angle X_s), \quad |X_s| = \frac{1}{\sqrt{13}}, \quad \angle X_s = \frac{\pi}{4} - \tan^{-1}\frac{3}{2}$$

となる。一般解とその導関数を行列表示すると，つぎのようになる。

$$\begin{bmatrix} x \\ \dot{x} \end{bmatrix} = \begin{bmatrix} e^{-2t} & e^{-4t} \\ -2e^{-2t} & -4e^{-4t} \end{bmatrix} \begin{bmatrix} k_1 \\ k_2 \end{bmatrix} + \begin{bmatrix} |X_s|\cos(2t + \angle X_s) \\ -2|X_s|\sin(2t + \angle X_s) \end{bmatrix}$$

初期値を代入し，つぎのように k_1, k_2 に関する連立方程式をつくる。

$$\begin{bmatrix} 1 & 1 \\ -2 & -4 \end{bmatrix} \begin{bmatrix} k_1 \\ k_2 \end{bmatrix} = \begin{bmatrix} 1 - |X_s|\cos \angle X_s \\ 1 + 2|X_s|\sin \angle X_s \end{bmatrix}$$

これを解くと

$$k_1 = \frac{5}{2} - 2|X_s|\cos \angle X_s + |X_s|\sin \angle X_s$$
$$k_2 = -\frac{3}{2} + |X_s|\cos \angle X_s - |X_s|\sin \angle X_s$$

と求まる。解は次式のようになる。

$$x = |X_s|\cos(2t + \angle X_s) + \left(\frac{5}{2} - 2|X_s|\cos \angle X_s + |X_s|\sin \angle X_s\right)e^{-2t}$$
$$+ \left(-\frac{3}{2} + |X_s|\cos \angle X_s - |X_s|\sin \angle X_s\right)e^{-4t}$$

◇

例題 8.4 図 **8.4** の回路から微分方程式を導出し，$v(t)$ を求めよ。ただし，$i_s(t) = \cos 2t$ 〔A〕，$L = 1\,\mathrm{H}$, $R = 2\,\Omega$, $C = 1/5\,\mathrm{F}$, $v(0) = 0\,\mathrm{V}$, $i(0) = 0\,\mathrm{A}$ とする。

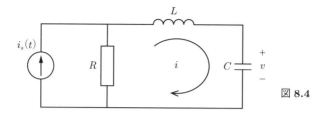

図 8.4

【解答】 KCL と KVL を適用すると

$$-Ri_s(t) + Ri + L\dot{i} + v = 0, \quad -i + C\dot{v} = 0$$

$i = C\dot{v}$ と $\dot{i} = C\ddot{v}$ を用いて i を消去して整理すると

$$LC\ddot{v} + RC\dot{v} + v = Ri_s(t)$$

数値を代入すると

$$\ddot{v} + 2\dot{v} + 5v = 10\cos 2t$$

特性方程式は $s^2 + 2s + 5 = 0$ なので，特性根は $-1 \pm 2j$ であり，過渡解は

$$v_t(t) = e^{-t}(A\cos 2t + B\sin 2t)$$

となる．ただし，A と B は任意定数である．正弦波定常解 $v_s(t)$ のフェーザを V_s とすると，$-4V_s + 4jV_s + 5V_s = 10$ より $V_s = 10/(1+4j)$ となり，正弦波定常解は以下のようになる．

$$v_s(t) = |V_s|\cos(2t + \angle V_s), \quad |V_s| = \frac{10}{\sqrt{17}}, \quad \angle V_s = -\tan^{-1} 4$$

一般解とその導関数を行列表示すると

$$\begin{bmatrix} v \\ \dot{v} \end{bmatrix} = e^{-t} \begin{bmatrix} \cos 2t & \sin 2t \\ -\cos 2t - 2\sin 2t & -\sin 2t + 2\cos 2t \end{bmatrix} \begin{bmatrix} A \\ B \end{bmatrix} + \begin{bmatrix} |V_s|\cos(2t + \angle V_s) \\ -2|V_s|\sin(2t + \angle V_s) \end{bmatrix}$$

となる．初期値（$v(0) = 0, \dot{v}(0) = i(0)/C = 0$）を代入して任意定数 A, B に関する連立方程式をつくる．

$$\begin{bmatrix} 1 & 0 \\ -1 & 2 \end{bmatrix} \begin{bmatrix} A \\ B \end{bmatrix} = \begin{bmatrix} -|V_s|\cos\angle V_s \\ 2|V_s|\sin\angle V_s \end{bmatrix}$$

これを解くと $A = -|V_s|\cos\angle V_s$, $B = |V_s|\sin\angle V_s - \frac{1}{2}|V_s|\cos\angle V_s$ となる．解は次式のようになる．

$$v = |V_s|\cos(2t + \angle V_s)$$
$$- |V_s|\cos\angle V_s e^{-t}\cos 2t + \left(|V_s|\sin\angle V_s - \frac{1}{2}|V_s|\cos\angle V_s\right)e^{-t}\sin 2t \,\text{[V]}$$

◇

8.5 直流電源を含む RLC 回路の解析

図 8.2 の RLC 回路で，電源が直流の場合を考える。

定電流源： $i_s(t) = J$

定電圧源： $e_s(t) = V$

回路を記述する微分方程式は以下のようになる。

$$\ddot{x} + 2\delta\dot{x} + \omega_0^2 x = \omega_0^2 A_d \quad (\text{初期条件は } t = 0, x(0), \dot{x}(0) \text{ とする}) \tag{8.14}$$

ただし，定電流源の場合は $A_d = J$, 定電圧源の場合は $A_d = V$ である。式 (8.14) の一般解は，つぎのようになる。

$$x(t) = x_t(t) + x_d$$

ただし，$x_t(t)$ は過渡解，x_d は DC 定常解である。過渡解 x_t は正弦波電源の場合と同様に指数関数代入法で求められる。DC 定常解 x_d は，次式のように微分方程式 (8.14) を満たす。

$$\ddot{x}_d + 2\delta\dot{x}_d + \omega_0^2 x_d = \omega_0^2 A_d \tag{8.15}$$

したがって，DC 定常解は

$$x_d = A_d$$

となる。特性根が負の 2 実数（$-\alpha, \beta$）の場合の一般解はつぎのようになる。

$$x = k_1 e^{-\alpha t} + k_2 e^{-\beta t} + A_d$$

任意定数を求めるための行列表示はつぎのようになる。

$$\begin{bmatrix} x \\ \dot{x} \end{bmatrix} = \begin{bmatrix} e^{-\alpha t} & e^{-\beta t} \\ -\alpha e^{-\alpha t} & -\beta e^{-\beta t} \end{bmatrix} \begin{bmatrix} k_1 \\ k_2 \end{bmatrix} + \begin{bmatrix} A_d \\ 0 \end{bmatrix}$$

初期値を代入すると，つぎのように k_1 と k_2 に関する連立方程式を得る。

$$\begin{bmatrix} 1 & 1 \\ -\alpha & -\beta \end{bmatrix} \begin{bmatrix} k_1 \\ k_2 \end{bmatrix} = \begin{bmatrix} x(0) - A_d \\ \dot{x}(0) \end{bmatrix}$$

これを解くと任意定数 k_1, k_2 が求められ，解が求められる。

例題 8.5 図 8.4 の回路で，電源が直流の場合（$i_s(t) = 1\,\text{A}$）を記述する，つぎの微分方程式を解け．

$$\ddot{v} + 4\dot{v} + 8v = 10, \quad v(0) = 5\,\text{V}, \quad i(0) = \frac{2}{5}\,\text{A}$$

【解答】 特性根は $s = -2 \pm 2j$ なので，過渡解はつぎのようになる．

$$x_t = e^{-2t}(A\cos 2t + B\sin 2t)$$

ただし，A と B は任意定数である．DC 定常解を v_d とすると，これは次式を満たす．

$$\ddot{v}_d + 2\dot{v}_d + 5v_d = 10$$

したがって，DC 定常解は以下のように求められる．

$$v_d = 2\,\text{V}$$

一般解とその導関数を行列表示すると，次式のようになる．

$$\begin{bmatrix} v \\ \dot{v} \end{bmatrix} = e^{-2t} \begin{bmatrix} \cos 2t & \sin 2t \\ -2\cos 2t - 2\sin 2t & -2\sin 2t + 2\cos 2t \end{bmatrix} \begin{bmatrix} A \\ B \end{bmatrix} + \begin{bmatrix} 2 \\ 0 \end{bmatrix}$$

初期値（$v(0) = 5, \dot{v}(0) = i(0)/C = 2$）を代入すると，つぎのように任意定数 A と B に関する連立方程式を得る．

$$\begin{bmatrix} 1 & 0 \\ -2 & 2 \end{bmatrix} \begin{bmatrix} A \\ B \end{bmatrix} = \begin{bmatrix} 3 \\ 2 \end{bmatrix}$$

これより，$A = 3, B = 4$ となり，解はつぎのようになる．

$$v = e^{-2t}(3\cos 2t + 4\sin 2t) + 2\,\text{V}$$

8.6 DC 定常解の導出法

DC 定常解を回路から直接導出する方法について説明する．図 8.5 (a) の回路は直流電源を含み，DC 定常状態にあるものとする．便宜のため，回路が DC 定常状態にある時刻を $t = 0$ とし，$v(0)$ と $i(0)$ を求めることにする．DC 定常状態では，インダクタ電流 i とキャパシタ電圧 v は時間 t に対して変化しない．したがって，以下が成り立つ．

$$v_L = L\frac{di}{dt} = 0 \quad \text{なのでインダクタ } L \text{ は短絡（ショート）}$$

$$i_c = C\frac{dv}{dt} = 0 \quad \text{なのでキャパシタ } C \text{ は開放}$$

8.6 DC 定常解の導出法

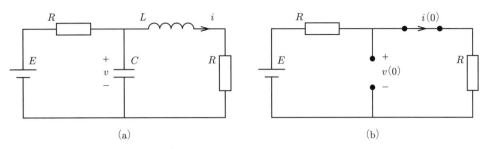

図 8.5 DC 定常状態にある回路

図 8.5 (a) の回路は，$t = 0$ で DC 定常状態にあるとき，図 8.5 (b) の回路とみなせる。この抵抗と電源からなる回路から，キャパシタ電圧 $v(0)$ とインダクタ電流 $i(0)$ を求めればよい。簡単な計算によって，以下のように求められる。

$$i(0) = \frac{E}{2R}, \quad v(0) = Ri(0) = \frac{E}{2}$$

回路が簡単ではなく，系統的に計算したい場合は，節点方程式あるいは網路方程式をたてて求めればよい。この場合は，まず節点電圧あるいは網路電流を求めてから，キャパシタ電圧やインダクタ電流を計算することになる。

例題 8.6 図 8.6 の回路は $t = 0$ で DC 定常状態にある，$i_1(0)$ と $i_2(0)$ を求めよ。

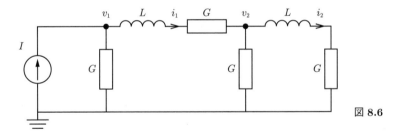

図 8.6

【解答】 $t = 0$ では，DC 定常状態なので，L をショートして節点電圧 v_1 と v_2 に関する節点方程式をたてるとつぎのようになる。

$$\begin{bmatrix} 2G & -G \\ -G & 3G \end{bmatrix} \begin{bmatrix} v_1(0) \\ v_2(0) \end{bmatrix} = \begin{bmatrix} I \\ 0 \end{bmatrix}$$

これを解くと

$$v_1(0) = \frac{3I}{5G}, \quad v_2(0) = \frac{I}{5G}$$

を得る。したがって，

$$i_2(0) = Gv_2(0) = \frac{I}{5}, \quad i_1(0) = 2i_2(0) = \frac{2I}{5} \qquad \diamond$$

例題 8.7 図 8.7 の回路で十分時間が経過して DC 定常状態となった $t=0$ でスイッチを開いた。$v_1(0)$ と $v_2(0)$ を求めよ。また，$RC=1$ のとき，$t>0$ での $v_1(t)$ を求めよ。

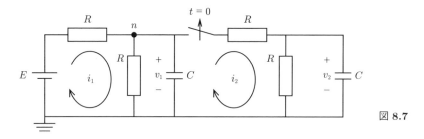

図 8.7

【解答】 スイッチを開く直前の $t=0_-$ では DC 定常状態なので，C を開放して網路電流 i_1 と i_2 に関する網路方程式をたてると，つぎのようになる。

$$\begin{bmatrix} 2R & -R \\ -R & 3R \end{bmatrix} \begin{bmatrix} i_1(0_-) \\ i_2(0_-) \end{bmatrix} = \begin{bmatrix} E \\ 0 \end{bmatrix}$$

これを解くと

$$i_1(0_-) = \frac{3E}{5R}, \quad i_2(0_-) = \frac{E}{5R}$$

となる。したがって，$v_2(0_-) = Ri_2(0_-) = E/5$，$v_1(0_-) = 2Ri_2(0_-) = 2E/5$ となる。$t=0$ のときキャパシタ電圧は連続なので，以下の結果を得る。

$$v_1(0) = v_1(0_-) = \frac{2E}{5}, \quad v_2(0) = v_2(0_-) = \frac{E}{5}$$

$t>0$ のとき，節点 n で KCL を適用すると，つぎのように v_1 に関する微分方程式を得る。

$$\frac{v_1 - E}{R} + \frac{v_1}{R} + C\dot{v}_1 = 0$$

これに $RC=1$ を代入すると次式を得る。

$$\dot{v}_1 + 2v_1 = E$$

過渡解は $v_1 = ke^{-2t}$，DC 定常解は $v_d = E/2$ なので，一般解は

$$v_1(t) = ke^{-2t} + \frac{E}{2}$$

となる。初期条件 $v_1(0) = 2E/5$ より，$k = -E/10$ と求まり，解はつぎのようになる。

$$v_1(t) = -\frac{E}{10}e^{-2t} + \frac{E}{2}$$

◇

章 末 問 題

【1】 図 8.8 の回路で,$e(t) = E$ のとき,回路の動作はつぎの微分方程式で記述される。

$$\ddot{v} + \frac{R}{L}\dot{v} + \frac{1}{LC}v = \frac{E}{LC}$$

$L = 1\,\mathrm{H}$, $C = 1/5\,\mathrm{F}$, $E = 2\,\mathrm{V}$, $v(0) = 1\,\mathrm{V}$, $i(0) = 2/5\,\mathrm{A}$ とする。R がつぎの値をとるとき,微分方程式を解け。

(1) $R = 6\,\Omega$ (2) $R = 2\,\Omega$ (3) $R = 0\,\Omega$

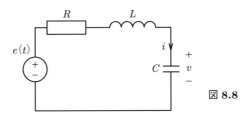

図 8.8

【2】 図 8.8 の回路で,$e(t) = E\cos 2t$ のとき,回路の動作はつぎの微分方程式で記述される。

$$\ddot{v} + \frac{R}{L}\dot{v} + \frac{1}{LC}v = \frac{E}{LC}\cos 2t$$

$L = 1\,\mathrm{H}$, $C = 1/4\,\mathrm{F}$, $R = 5\,\Omega$, $e(t) = \dfrac{5}{2}\cos 2t\,[\mathrm{V}]$, $v(0) = 1\,\mathrm{V}$, $i(0) = 1\,\mathrm{A}$ として,微分方程式を解け。

【3】 図 8.9 の回路で,スイッチを開き,v と i が時間に対して変化しなくなった $t = 0$ でスイッチを閉じた。$v(0)$ と $i(0)$ を求めよ。$t > 0$ での微分方程式を導出せよ。$RI = E$ のとき,i が減衰振動となる条件を求めよ。

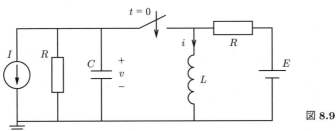

図 8.9

9 ラプラス変換

電気回路を記述する常微分方程式を解くために便利なラプラス変換について学ぶ。ラプラス変換は制御理論や信号理論などでも重要な役割を果たしている。

9.1 ラプラス変換と微分方程式

電気回路を常微分方程式で記述する場合，キャパシタの電圧 v_c（電荷）やインダクタの電流 i_L（磁束）が変数に選ばれる。この変数は，時間 t に対して変化するので，時間の関数 $v_c(t)$, $i_L(t)$ となる。このような時間の関数を $x(t)$ と記述する。**ラプラス変換** (Laplace transform) は，時間の関数 $x(t)$ を複素数 s の関数 $X(s)$ に変換する。その定義は，次式で与えられる。

$$X(s) = \int_0^\infty x(t)e^{-st}dt \tag{9.1}$$

なお，この積分は存在するものと仮定する[†]。s はフェーザ法で用いた角周波数 ω と対応させることもできるが，ここでは，s は単なる複素数で抽象的なものとする。ラプラス変換と**ラプラス逆変換** (inverse Laplace transform) について，つぎの略記を用いる。

ラプラス変換： $X(s) = \mathcal{L}[x(t)]$

ラプラス逆変換： $x(t) = \mathcal{L}^{-1}[X(s)]$

まず，いくつかの基本的な結果を示す。指数関数のラプラス変換は，次式で与えられる。

$$\mathcal{L}[e^{-at}] = \frac{1}{s+a} \tag{9.2}$$

証明

$$\int_0^\infty e^{-at}e^{-st}dt = \left[-\frac{1}{s+a}e^{-(s+a)t}\right]_0^\infty = \frac{1}{s+a}$$

□

時間 t に関する導関数のラプラス変換は次式で与えられる。

[†] 積分の存在等に関する厳密な議論は数学の専門書に譲る。

$$\mathcal{L}[\dot{x}(t)] = sX(s) - x(0) \qquad (ただし,\ X(s) \equiv \mathcal{L}[x(t)]) \tag{9.3}$$

証明

$$\begin{aligned}\mathcal{L}[\dot{x}(t)] &= \int_0^\infty \dot{x}(t)e^{-st}dt = [x(t)e^{-st}]_0^\infty - (-s)\int_0^\infty x(t)e^{-st}dt \\ &= s\mathcal{L}[x(t)] - x(0) = sX(s) - x(0)\end{aligned}$$

□

これは,t の関数 $x(t)$ を「微分する」ことは,s の関数 $X(s)$ に「s を掛ける」ことに対応することを意味している。これらの結果を用いると,微分方程式を簡単に解くことができる。つぎの例で説明する。

$$\dot{x} + 2x = 3e^{-3t} \qquad (初期条件:t = 0,\ x(0) = 2)$$

両辺をラプラス変換すると

$$sX(s) - 2 + 2X(s) = \frac{3}{s+3}$$

これは $X(s)$ に関する代数方程式であり,$X(s)$ について解くことができる。

$$X(s) = \frac{2s + 9}{(s+2)(s+3)}$$

この**有理関数** (rational function) を部分分数展開する。

$$X(s) = \frac{5}{s+2} - \frac{3}{s+3}$$

両辺をラプラス逆変換すると解が求まる。

$$x(t) = 5e^{-2t} - 3e^{-3t}$$

すなわち,$x(t)$ に対する微分方程式をラプラス変換によって $X(s)$ に関する代数方程式に変換して解いている。まとめると

(1) $x(t)$ の微分方程式の両辺をラプラス変換し,$X(s)$ の代数方程式に変換。
(2) 代数方程式を解いて $X(s)$ を求める。
(3) 有理関数 $X(s)$ を部分分数展開する(方法は 9.3 節で説明)。
(4) 両辺をラプラス逆変換して解を求める。

この方法は,すべての定数係数常微分方程式に適用できる。その際に,ラプラス変換を積分 (9.1) によって実際に積分することは稀である。既知のラプラス変換の結果を用いて計算できる場合が多い。

つぎに，微分方程式を解くために必要な，いくつかのラプラス変換を示す。2次と3次の導関数のラプラス変換はつぎのようになる。

$$\left.\begin{aligned}\mathcal{L}[\ddot{x}(t)] &= s\mathcal{L}[\dot{x}(t)] - \dot{x}(0) = s(sX(s) - x(0)) - \dot{x}(0) \\ &= s^2 X(s) - sx(0) - \dot{x}(0) \\ \mathcal{L}[\dddot{x}(t)] &= s\mathcal{L}[\ddot{x}(t)] - \ddot{x}(0) = s(s^2 X(s) - sx(0) - \dot{x}(0)) - \ddot{x}(0) \\ &= s^3 X(s) - s^2 x(0) - s\dot{x}(0) - \ddot{x}(0)\end{aligned}\right\} \quad (9.4)$$

三角関数のラプラス変換は次式で与えられる。

$$\mathcal{L}[\cos\omega t] = \frac{s}{s^2 + \omega^2}, \quad \mathcal{L}[\sin\omega t] = \frac{\omega}{s^2 + \omega^2}$$

証明 オイラーの公式と指数関数のラプラス変換の結果を用いる。

$$\mathcal{L}[\cos\omega t] + j\mathcal{L}[\sin\omega t] = \mathcal{L}[e^{j\omega t}] = \frac{1}{s - j\omega} = \frac{s}{s^2 + \omega^2} + j\frac{\omega}{s^2 + \omega^2}$$

□

例題 9.1 $\ddot{x} + \omega_0^2 x = 0$ をラプラス変換で解け。

【解答】 両辺をラプラス変換すると

$$\{s^2 X(s) - sx(0) - \dot{x}(0)\} + \omega_0^2 X(s) = 0$$

となる。これを $X(s)$ について解くと

$$X(s) = \frac{sx(0) + \dot{x}(0)}{s^2 + \omega_0^2} = x(0)\frac{s}{s^2 + \omega_0^2} + \frac{\dot{x}(0)}{\omega_0}\frac{\omega_0}{s^2 + \omega_0^2}$$

両辺をラプラス逆変換すると

$$x(t) = x(0)\cos\omega_0 t + \frac{\dot{x}(0)}{\omega_0}\sin\omega_0 t$$

◇

さらにいくつかの関数のラプラス変換を示す。まず，**単位ステップ関数** (unit step function) を次式で定義する。

$$U(t) = \begin{cases} 1 & (t \geq 0 \text{ のとき}) \\ 0 & (t < 0 \text{ のとき}) \end{cases}$$

単位ステップ関数は，直流電源をスイッチで印加した場合などを近似する。現実には，電圧や電流の値が一瞬にして変化することはありえないが，$U(t)$ は電圧や電流の波形の近似に使用すると，簡潔な回路解析ができて便利なことが多い。単位ステップ関数と t^n のラプラス変換は次式で与えられる。

$$\mathcal{L}[U(t)] = \frac{1}{s}, \quad \mathcal{L}[t] = \frac{1}{s^2}, \quad \mathcal{L}[t^n] = \frac{n!}{s^{n+1}}$$

証明

$$\mathcal{L}[U(t)] = \int_0^\infty e^{-st} dt = \left[-\frac{1}{s}e^{-st}\right]_0^\infty = \frac{1}{s}$$

$$\mathcal{L}[t] = \int_0^\infty t e^{-st} dt = \left[-\frac{1}{s}t e^{-st}\right]_0^\infty + \frac{1}{s}\int_0^\infty e^{-st} dt = \frac{1}{s^2}$$

$$\mathcal{L}[t^n] = \int_0^\infty t^n e^{-st} dt = \left[-\frac{1}{s}t^n e^{-st}\right]_0^\infty + \frac{n}{s}\int_0^\infty t^{n-1} e^{-st} dt$$

$$= \frac{n}{s}\mathcal{L}[t^{n-1}] = \frac{n(n-1)}{s^2}\mathcal{L}[t^{n-2}] = \cdots = \frac{n!}{s^{n+1}}$$

□

指数関数を含む関数のラプラス変換を求めるには，つぎの結果が便利である．

【減衰定理】 $\mathcal{L}[x(t)] = X(s)$ のとき $\mathcal{L}[e^{-at}x(t)] = X(s+a)$ となる．

証明

$$\mathcal{L}[e^{-at}x(t)] = \int_0^\infty e^{-at}x(t)e^{-st} dt = \int_0^\infty x(t)e^{-(s+a)t} dt = X(s+a)$$

□

減衰定理を三角関数や t^n のラプラス変換に適用すると，以下のようになる．

$$\mathcal{L}[e^{-at}\cos\omega t] = \frac{s+a}{(s+a)^2 + \omega^2}, \quad \mathcal{L}[e^{-at}\sin\omega t] = \frac{\omega}{(s+a)^2 + \omega^2}$$

$$\mathcal{L}[te^{-at}] = \frac{1}{(s+a)^2}, \quad \mathcal{L}[t^2 e^{-at}] = \frac{2}{(s+a)^3}, \quad \cdots, \quad \mathcal{L}[t^n e^{-at}] = \frac{n!}{(s+a)^{n+1}}$$

9.2 RLC 回路への応用

8 章で学んだ RLC 回路を記述する微分方程式 (8.8)

$$\ddot{x} + 2\delta\dot{x} + \omega_0^2 x = 0$$

をラプラス変換を用いて解析する．両辺をラプラス変換すると

$$s^2 X(s) - sx(0) - \dot{x}(0) + 2\delta(sX(s) - x(0)) + \omega_0^2 X(s) = 0$$

となり

$$X(s) = \frac{x(0)s + 2\delta x(0) + \dot{x}(0)}{s^2 + 2\delta s + \omega_0^2}$$

を得る．分母（$s^2 + 2\delta s + \omega_0^2 = 0$）は特性方程式である．その特性根によって分類する．

- 特性根が複素数 ($s = \delta \pm j\omega_1$) のとき

$$X(s) = \frac{x(0)s + 2\delta x(0) + \dot{x}(0)}{s^2 + 2\delta s + (\omega_1^2 + \delta^2)} = \frac{x(0)(s+\delta)}{(s+\delta)^2 + \omega_1^2} + \frac{\delta x(0) + \dot{x}(0)}{(s+\delta)^2 + \omega_1^2}$$

なので，次式となる。

$$x(t) = x(0)e^{-\delta t}\cos\omega_1 t + \frac{\delta x(0) + \dot{x}(0)}{\omega_1}e^{-\delta t}\sin\omega_1 t$$

- 特性根が重根 ($s = \gamma$) のとき

$$X(s) = \frac{x(0)s + 2\gamma x(0) + \dot{x}(0)}{(s+\gamma)^2} = \frac{\dot{x}(0) + \gamma x(0)}{(s+\gamma)^2} + \frac{x(0)}{s+\gamma}$$

なので，次式となる。

$$x(t) = \{\dot{x}(0) + \gamma x(0)\}te^{-\gamma t} + x(0)e^{-\gamma t}$$

- 特性根が負の 2 実根 ($s = -\alpha, -\beta$) のとき

$$X(s) = \frac{x(0)s + (\alpha+\beta)x(0) + \dot{x}(0)}{(s+\alpha)(s+\beta)} = \frac{\beta x(0) + \dot{x}(0)}{(-\alpha+\beta)(s+\alpha)} + \frac{\alpha x(0) + \dot{x}(0)}{(-\beta+\alpha)(s+\beta)}$$

なので，次式となる。

$$x = \frac{\beta x(0) + \dot{x}(0)}{\beta - \alpha}e^{-\alpha t} + \frac{\alpha x(0) + \dot{x}(0)}{\alpha - \beta}e^{-\beta t}$$

9.3 部分分数展開

微分方程式の解のラプラス変換 $X(s)$ は s の有理関数となる。

$$X(s) = \frac{Q(s)}{P(s)} = \frac{b_m s^m + \cdots + b_1 s + b_0}{s^n + a_{n-1}s^{n-1} + \cdots + a_1 s + a_0} \quad (m < n)$$

ラプラス逆変換によって解 $x(t)$ を求めるためには，有理関数 $X(s)$ を**部分分数展開** (partial fraction expansion) する必要がある。ここでは比較的簡単に部分分数展開する方法を説明する。簡単のため，$n = 4$ とし，特性方程式 $P(s) = 0$ の根を場合分けして考えることにする。

$$\left.\begin{aligned}X(s) &= \frac{Q(s)}{P(s)} = \frac{b_3 s^3 + b_2 s^2 + b_1 s + b_0}{s^4 + a_3 s^3 + a_2 s^2 + a_1 s + a_0}\\ \text{特性方程式：} \quad & P(s) = s^4 + a_3 s^3 + a_2 s^2 + a_1 s + a_0 = 0\end{aligned}\right\} \quad (9.5)$$

[1] 特性根が異なる実根の場合

$$X(s) = \frac{Q(s)}{(s+\alpha_1)(s+\alpha_2)(s+\alpha_3)(s+\alpha_4)} = \frac{A_1}{s+\alpha_1} + \frac{A_2}{s+\alpha_2} + \frac{A_3}{s+\alpha_3} + \frac{A_4}{s+\alpha_4}$$

問題は $A_1 \sim A_4$ を求めることである。A_1 を求める方法を説明する。

$F_1(s) = (s+\alpha_1)X(s)$ と定義する。

$$F_1(s) = \frac{Q(s)}{(s+\alpha_2)(s+\alpha_3)(s+\alpha_4)} = A_1 + (s+\alpha_1)\left(\frac{A_2}{s+\alpha_2} + \frac{A_3}{s+\alpha_3} + \frac{A_4}{s+\alpha_4}\right)$$

である。これに $-\alpha_1$ を代入すると

$$F_1(-\alpha_1) = A_1 + (-\alpha_1+\alpha_1)\left(\frac{A_2}{-\alpha_1+\alpha_2} + \frac{A_3}{-\alpha_1+\alpha_3} + \frac{A_4}{-\alpha_1+\alpha_4}\right) = A_1$$

すなわち, A_1 はつぎの計算で簡単に求めることができる。

$$A_1 = F_1(-\alpha_1) = \frac{Q(-\alpha_1)}{(-\alpha_1+\alpha_2)(-\alpha_1+\alpha_3)(-\alpha_1+\alpha_4)}$$

A_2, A_3, A_4 も同様に求めることができる。まとめると, 以下のようになる。

$$A_i = F_i(-\alpha_i), \quad F_i(s) = (s+\alpha_i)X(s) \quad (i=1\sim 4) \tag{9.6}$$

ヘビサイドの展開定理 (Heaviside's expansion theorem) と呼ばれるこの方法は, $A_1 \sim A_4$ に関する連立方程式を用いる方法よりも簡単である。回路理論や制御理論で定常解を計算するときにも便利である。n が大きくなってコンピュータで数値計算する場合でも, 計算コストを削減できる。

例題 9.2 $\ddot{x} + 5\dot{x} + 6x = e^{-4t}$, $x(0)=0$, $\dot{x}(0)=0$ をラプラス変換で解け。

【解答】 両辺をラプラス変換すると

$$s^2 X(s) + 5sX(s) + 6X(s) = \frac{1}{s+4}$$

式 (9.6) を用いて部分分数展開する。

$$X(s) = \frac{1}{(s+2)(s+3)(s+4)} = \frac{A_1}{s+2} + \frac{A_2}{s+3} + \frac{A_3}{s+4}$$

$$A_1 = F_1(-2) = \frac{1}{2}, \quad F_1(s) = (s+2)X(s) = \frac{1}{(s+3)(s+4)}$$

$$A_2 = F_2(-3) = -1, \quad F_2(s) = (s+3)X(s) = \frac{1}{(s+2)(s+4)}$$

$$A_3 = F_3(-4) = \frac{1}{2}, \quad F_3(s) = (s+4)X(s) = \frac{1}{(s+2)(s+3)}$$

$$X(s) = \frac{1/2}{s+2} - \frac{1}{s+3} + \frac{1/2}{s+4}$$

両辺を逆ラプラス変換すれば解が得られる。

$$x(t) = \frac{1}{2}e^{-2t} - e^{-3t} + \frac{1}{2}e^{-4t}$$

◇

〔2〕 **特性根が重根を含む場合**　3重根を含む場合を考える。

$$X(s) = \frac{Q(s)}{(s+\gamma)^3(s+\alpha)} = \frac{B_1}{(s+\gamma)^3} + \frac{B_2}{(s+\gamma)^2} + \frac{B_3}{s+\gamma} + \frac{A_1}{s+\alpha_1}$$

A_1 は式 (9.6) で求めることができる。問題は $B_1 \sim B_3$ を求めることである。まず

$$G(s) = (s+\gamma)^3 X(s) = \frac{Q(s)}{s+\alpha_1}$$

と定義する。

$$G(s) = B_1 + (s+\gamma)B_2 + (s+\gamma)^2 B_3 + (s+\gamma)^3 \frac{A_1}{s+\alpha_1}$$

であるので，s に $-\gamma$ を代入すると，つぎのように B_1 が求められる。

$$G(-\gamma) = B_1 + (-\gamma+\gamma)B_2 + (-\gamma+\gamma)^2 B_3 + (-\gamma+\gamma)^3 R_0(s) = B_1$$

ただし，$R_0(s) \equiv A_1/(s+\alpha_1)$ とおいた。B_2 を求めるために，$G(s)$ を微分する。

$$\frac{dG}{ds}(s) = B_2 + 2(s+\gamma)B_3 + (s+\gamma)^2 R_1(s), \quad R_1(s) \equiv 3R_0(s) + (s+\gamma)\frac{dR_0}{ds}(s)$$

これに $-\gamma$ を代入すると，B_2 が求められる。

$$\frac{dG}{ds}(-\gamma) = B_2 + 2(-\gamma+\gamma)B_3 + (-\gamma+\gamma)^2 R_1(s) = B_2$$

B_3 を求めるために，$G(s)$ をもう1回微分する。

$$\frac{d^2G}{ds^2}(s) = 2B_3 + (s+\gamma)R_2(s), \quad R_2(s) \equiv 2R_1(s) + (s+\gamma)\frac{dR_1}{ds}(s)$$

これに $-\gamma$ を代入すると，B_3 が求められる。

$$\frac{d^2G}{ds^2}(-\gamma) = 2B_3 + (-\gamma+\gamma)R_2(s) = 2B_3$$

まとめると，以下のようになる。

$$\left.\begin{array}{l} B_1 = G(-\gamma), \quad B_2 = \dfrac{dG}{ds}(-\gamma), \quad B_3 = \dfrac{1}{2}\dfrac{d^2G}{ds^2}(-\gamma) \\ G(s) = (s+\gamma)^3 X(s) \end{array}\right\} \quad (9.7)$$

例題 9.3 $\ddot{x} + 4\dot{x} + 4x = U(t)$, $x(0) = 1$, $\dot{x}(0) = 1$ をラプラス変換で解け。

【解答】 両辺をラプラス変換すると次式となる。
$$s^2 X(s) - s - 1 + 4(sX(s) - 1) + 4X(s) = \frac{1}{s}$$
式 (9.6) と式 (9.7) を用いて，これを部分分数展開する。
$$X(s) = \frac{s^2 + 5s + 1}{s(s+2)^2} = \frac{A_1}{s} + \frac{B_1}{(s+2)^2} + \frac{B_2}{s+2}$$
$$A_1 = F_1(0) = \frac{1}{4}, \qquad F_1(s) = sX(s) = \frac{s^2 + 5s + 1}{(s+2)^2}$$
$$B_1 = G(-2) = \frac{5}{2}, \qquad G(s) = (s+2)^2 X(s) = s + 5 + \frac{1}{s}$$
$$B_2 = \frac{dG}{ds}(-2) = \frac{3}{4}, \qquad \frac{dG}{ds}(s) = 1 - \frac{1}{s^2}$$
$$X(s) = \frac{1/4}{s} + \frac{5/2}{(s+2)^2} + \frac{3/4}{s+2}$$
両辺を逆ラプラス変換して解が求まる。
$$x(t) = \frac{1}{4} + \frac{5}{2} t e^{-2t} + \frac{3}{4} e^{-2t}$$

$\diamondsuit$

〔3〕 **特性根が複素根を含む場合** 逆ラプラス変換に便利なつぎの形の変換を考える。
$$\begin{aligned} X(s) &= \frac{Q(s)}{\{(s+\delta)^2 + \omega_1^2\}(s+\alpha_1)(s+\alpha_2)} \\ &= \frac{A(s+\delta)}{(s+\delta)^2 + \omega_1^2} + \frac{B\omega_1}{(s+\delta)^2 + \omega_1^2} + \frac{A_1}{s+\alpha_1} + \frac{A_2}{s+\alpha_2} \end{aligned} \quad (9.8)$$
A_1 と A_2 は式 (9.6) で求めることができるので，問題は A と B を求めることである。二つの方法を示す。

【方法 1】
$$F_c(s) = \{(s+\delta)^2 + \omega_1^2\} X(s)$$
と定義すると
$$\begin{aligned} F_c(s) &= \frac{Q(s)}{(s+\alpha_1)(s+\alpha_2)} \\ &= (s+\delta)A + \omega_1 B + \{(s+\delta)^2 + \omega_1^2\} \left(\frac{A_1}{s+\alpha_1} + \frac{A_2}{s+\alpha_2} \right) \end{aligned}$$
となる。これに $s = -\delta + j\omega_1$ を代入すると次式となる。
$$F_c(-\delta + j\omega_1) = j\omega_1 A + \omega_1 B$$

すなわち，A と B はつぎの計算で求めることができる。

$$A = \frac{1}{\omega_1}\Im\{F_c(-\delta+j\omega_1)\}, \quad B = \frac{1}{\omega_1}\Re\{F_c(-\delta+j\omega_1)\}$$

式 (9.8) の係数が求められたので，その両辺をラプラス逆変換すると，実数形の解が得られる。

$$x(t) = Ae^{-\delta t}\cos\omega_1 t + Be^{-\delta t}\sin\omega_1 t + A_1 e^{-\alpha_1 t} + A_2 e^{-\alpha_2 t}$$

なお，$\delta=0$ の場合は，正弦波定常解の計算に使えることに注意する。

【方法 2】

$$\begin{aligned}X(s) &= \frac{Q(s)}{((s+\delta)^2+\omega_1^2)(s+\alpha_1)(s+\alpha_2)} \\ &= \frac{k_1}{s+\delta-j\omega_1} + \frac{k_2}{s+\delta+j\omega_1} + \frac{A_1}{s+\alpha_1} + \frac{A_2}{s+\alpha_2}\end{aligned}$$

A_1 と A_2 は式 (9.6) で求められるが，k_1 と k_2 も式 (9.6) に複素根を代入して求められる。

$$k_1 = F_+(-\delta+j\omega_1), \quad F_+(s) = (s+\delta-j\omega_1)X(s)$$
$$k_2 = F_-(-\delta-j\omega_1), \quad F_-(s) = (s+\delta+j\omega_1)X(s)$$

ここで，k_1 と k_2 はたがいに複素共役であることに注意する。解は電圧か電流に対応するので，分子が複素数を含まない形にすると

$$\frac{k_1}{s+\delta-j\omega_1} + \frac{k_2}{s+\delta+j\omega_1} = \frac{(k_1+k_2)(s+\delta)+j(k_1-k_2)\omega_1}{(s+\delta)^2+\omega_1^2}$$

なので，ここで，$A \equiv k_1+k_2, B \equiv j(k_1-k_2)$ とすると，A と B は実数であり，以下のように式 (9.8) が得られる。

$$X(s) = \frac{A(s+\delta)}{(s+\delta)^2+\omega_1^2} + \frac{B\omega_1}{(s+\delta)^2+\omega_1^2} + \frac{A_1}{s+\alpha_1} + \frac{A_2}{s+\alpha_2}$$

両辺をラプラス逆変換すれば解が得られる。

なお，$A \equiv k_1+k_2 = 2\Re(k_1), B \equiv j(k_1-k_2) = -2\Im(k_1)$ であるので，k_1 のみ（あるいは，k_2 のみ）が得られれば，A と B を求められることに注意する。

例題 9.4 図 9.1 の回路で，$t=0$ でスイッチを閉じて直流電源を印加した。$t>0$ での回路の動作を記述する微分方程式を導出せよ。また，この方程式をラプラス変換で解き，$v(t)$ を求めよ。ただし，$L=1\,\text{H}, C=1/8\,\text{F}, r=1\,\Omega, R=3\,\Omega, E=2\,\text{V}, v(0)=0\,\text{V}, \dot{v}(0)=0\,\text{V/s}$ とする。

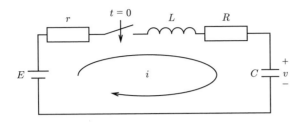

図 9.1 DC 入力 RLC 回路

【解答】 $t>0$ の回路に KVL を適用すると

$$-E+(r+R)i+L\dot{i}+v=0$$

$i=C\dot{v}$, $\dot{i}=C\ddot{v}$ を用いて i を消去すると，v に関する微分方程式を得る。

$$LC\ddot{v}+(r+R)C\dot{v}+v=EU(t)$$

ただし，右辺は $t=0$ で印加した直流電源に対応するので，単位ステップ関数で表現した。定数項を含む微分方程式をラプラス変換で解く場合。通常，その定数項は単位ステップ関数で表現する。数値を代入して整理すると次式となる。

$$\ddot{v}+4\dot{v}+8v=16U(t)$$

$V(s)=\mathcal{L}[v(t)]$ とおく。両辺をラプラス変換すると

$$s^2V(s)+4sV(s)+8V(s)=\frac{16}{s}$$

となり，$V(s)$ について解くと次式で表される。

$$V(s)=\frac{16}{s(s^2+4s+8)}=\frac{A_1}{s}+\frac{k_1}{s+(2-2j)}+\frac{k_1}{s+(2+2j)}$$
$$=\frac{A_1}{s}+\frac{A(s+2)}{(s+2)^2+4}+\frac{2B}{(s+2)^2+4}$$

A_1 は式 (9.6) で求められる。A と B は二つの方法で求める。

$$A_1=F_1(0)=2,\quad F_1(s)=sX(s)=\frac{16}{s^2+4s+8}$$

【方法 1】

$$A=\frac{1}{2}\Im(F_c(-2+2j))=-2,\quad B=\frac{1}{2}\Re(F_c(-2+2j))=-2$$
$$F_c(s)=((s+2)^2+4)X(s)=\frac{16}{s}$$
$$V(s)=\frac{2}{s}-\frac{2(s+2)}{(s+2)^2+4}-\frac{4}{(s+2)^2+4}$$

両辺を逆ラプラス変換して解が得られる。

$$v(t)=2-2e^{-2t}(\cos 2t+\sin 2t)\ [\mathrm{V}]$$

【方法 2】

$$k_1 = F_+(-2+2j) = 1-j, \quad F_+(s) = (s+(2-2j))X(s) = \frac{16}{s(s+(2+2j))}$$
$$A = 2\Re(k_1) = -2, \quad B = -2\Im(k_1) = -2$$

◇

例題 9.5 図 9.2 の回路で電流源 $i(t)$ は正弦波である。微分方程式を導出し，正弦波定常解をラプラス変換で求めよ。ただし，$L = 1\,\mathrm{H}$, $C = 1/8\,\mathrm{F}$, $G = 1/2\,\mathrm{S}$, $g = 1/4\,\mathrm{S}$, $i_s(t) = \sin 2t\,\mathrm{[A]}$, $v(0) = 0\,\mathrm{V}$, $\dot{v}(0) = 0\,\mathrm{V/s}$ とする。

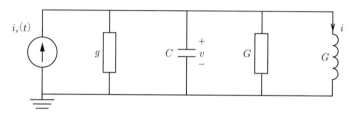

図 9.2 例題回路図

【解答】 回路に KCL を適用すると次式が求まる。

$$-i_s(t) + gv + C\dot{v} + Gv + i = 0$$

$v = L\dot{i}$, $\dot{v} = L\ddot{i}$ を用いて v を消去すると，i に関する微分方程式を得る。

$$LC\ddot{i} + (g+G)L\dot{i} + i = i_s(t)$$

数値を代入して整理すると次式となる。

$$\ddot{i} + 6\dot{i} + 8i = 8\sin 2t$$

$I(s) = \mathcal{L}[i(t)]$ とおく。両辺をラプラス変換すると

$$s^2 I(s) + 6sI(s) + 8I(s) = \frac{16}{s^2+4}$$

$I(s)$ について解くと次式で表せる。

$$I(s) = \frac{16}{(s^2+6s+8)(s^2+4)} = \frac{A_1}{s+2} + \frac{A_2}{s+4} + \frac{k_1}{s-2j} + \frac{k_2}{s+2j}$$

正弦波定常解と対応するのは第 3 項と第 4 項である。第 1 項と第 2 項は減衰する過渡解に対応する。正弦波定常解のラプラス変換を $I_1(s)$ と書くと

$$I_1(s) = \frac{k_1}{s-2j} + \frac{k_2}{s+2j} = \frac{sA}{s^2+4} + \frac{2B}{s^2+4}$$
$$k_1 = F_+(2j) = -\frac{3+j}{10}, \quad F_+(s) = (s-2j)I(s) = \frac{16}{(s^2+6s+8)(s+2j)}$$

であるので

$$A = 2\Re(k_1) = -\frac{3}{5}, \quad B = -2\Im(k_1) = \frac{1}{5}$$

と求められる。したがって

$$I_1(s) = \frac{-3s/5}{s^2+4} + \frac{2/5}{s^2+4}$$

両辺を逆ラプラス変換すると，正弦波定常解が求まる。

$$i_1(t) = -\frac{3}{5}\cos 2t + \frac{1}{5}\sin 2t = \frac{\sqrt{10}}{5}\sin(2t - \tan^{-1}3)\ [\text{A}]$$

いうまでもなく，これはフェーザ法による結果と一致する。 ◇

章 末 問 題

【1】 つぎの微分方程式をラプラス変換で解け。ただし，$U(t)$ は単位ステップ関数である。
 (1) $\dot{x} + 3x = 3U(t)$ $(x(0) = 0)$
 (2) $\dot{x} + 3x = 3e^{-2t}$ $(x(0) = 0)$
 (3) $\dot{x} + 3x = 3e^{-2t} + 3U(t)$ $(x(0) = 0)$

【2】 つぎの微分方程式をラプラス変換で解け。ただし，$U(t)$ は単位ステップ関数である。
 (1) $\ddot{x} + 8\dot{x} + 7x = U(t)$ $(x(0) = 0, \dot{x} = 0)$
 (2) $\ddot{x} + 8\dot{x} + 7x = 0$ $(x(0) = 1, \dot{x} = 2)$
 (3) $\ddot{x} + 8\dot{x} + 7x = U(t)$ $(x(0) = 1, \dot{x} = 2)$

【3】 つぎの微分方程式をラプラス変換で解け。ただし，$U(t)$ は単位ステップ関数である。
 (1) $\ddot{x} + 6\dot{x} + 5x = 10U(t)$ $(x(0) = 0, \dot{x}(0) = 0)$
 (2) $\ddot{x} + 2\dot{x} + 5x = 10U(t)$ $(x(0) = 0, \dot{x}(0) = 0)$
 (3) $\ddot{x} + 5x = 10U(t)$ $(x(0) = 0, \dot{x}(0) = 0)$
 (4) $\ddot{x} - 2\dot{x} + 5x = 10U(t)$ $(x(0) = 0, \dot{x}(0) = 0)$
 (5) $\ddot{x} - 6\dot{x} + 5x = 10U(t)$ $(x(0) = 0, \dot{x}(0) = 0)$

【4】 つぎの微分方程式をラプラス変換で解け。ただし，$U(t)$ は単位ステップ関数である。
 (1) $\ddot{x} + 6\dot{x} + 5x = 10U(t)$ $(x(0) = 1, \dot{x}(0) = 2)$
 (2) $\ddot{x} + 2\dot{x} + 5x = 10U(t)$ $(x(0) = 1, \dot{x}(0) = 2)$
 (3) $\ddot{x} + 5x = 10U(t)$ $(x(0) = 1, \dot{x}(0) = 2)$
 (4) $\ddot{x} - 2\dot{x} + 5x = 10U(t)$ $(x(0) = 1, \dot{x}(0) = 2)$
 (5) $\ddot{x} - 6\dot{x} + 5x = 10U(t)$ $(x(0) = 1, \dot{x}(0) = 2)$

10 状態方程式

キャパシタやインダクタを含む回路を記述する状態方程式について学ぶ．状態方程式をラプラス変換で解く方法と，回路から状態方程式を導出する方法を説明する．応用として，スイッチを含む回路の複雑な初期値や，制御電源を含む回路についても学ぶ．

10.1 状態方程式

図 10.1 の回路を考える．この回路には三つのループ $l_1 \sim l_3$ があるが，l_2 で KVL を適用すると次式を得る．

$$-R_2 i - L\dot{i} + v = 0 \tag{10.1}$$

この回路のグラフには四つの節点 $n_1 \sim n_4$ があるが，n_4 をアースとし，n_1 で KCL を適用すると次式を得る．

$$\frac{v - e(t)}{R_1} + i + C\dot{v} + \frac{v}{R_3} = 0 \tag{10.2}$$

式 (10.1) と式 (10.2) を連立させると，回路の動作を記述する微分方程式を得る．

$$\left. \begin{array}{l} L\dot{i} = -R_2 i + v \\ C\dot{v} = -i - \left(\dfrac{1}{R_1} + \dfrac{1}{R_3} \right) v + \dfrac{e(t)}{R_1} \end{array} \right\} \tag{10.3}$$

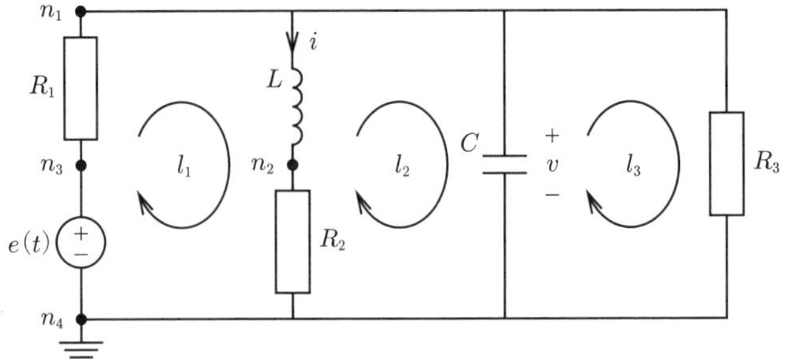

図 10.1 インダクタとキャパシタを含む回路

KVL を適用するループ l_2 と KCL を適用する節点 n_1 を選ぶ方法は 10.3 節で説明する．式 (10.3) を行列を用いて表現するとつぎのようになる．

$$\begin{bmatrix} \dot{i} \\ \dot{v} \end{bmatrix} = \begin{bmatrix} -\dfrac{R_2}{L} & \dfrac{1}{L} \\ -\dfrac{1}{C} & -\dfrac{1}{R_1 C} - \dfrac{1}{R_3 C} \end{bmatrix} \begin{bmatrix} i \\ v \end{bmatrix} + \begin{bmatrix} 0 \\ \dfrac{1}{R_1 C} \end{bmatrix} e(t) \tag{10.4}$$

回路の動作は，式 (10.3) や式 (10.4) のような 1 階連立の微分方程式で記述すると系統的な議論ができる．一般に，回路を記述する微分方程式を導出するとき，時間 t に対して連続なキャパシタの電圧 v_C やインダクタの電流 i_L を変数にする．この変数を**状態変数** (state variable) と呼ぶ．状態変数に関する式 (10.4) のような連立 1 階微分方程式を**状態方程式** (state equation) と呼ぶ．N 次元の状態方程式は次式のような形となる．

$$\begin{bmatrix} \dot{x}_1 \\ \vdots \\ \dot{x}_N \end{bmatrix} = \begin{bmatrix} a_{11} & \cdots & a_{1N} \\ \vdots & \ddots & \vdots \\ a_{N1} & \cdots & a_{NN} \end{bmatrix} \begin{bmatrix} x_1 \\ \vdots \\ x_N \end{bmatrix} + \begin{bmatrix} b_1 \\ \vdots \\ b_N \end{bmatrix} u(t) \tag{10.5}$$

ただし，x_i $(i = 1 \sim N)$ は状態変数，$\dot{x}_i = \dfrac{dx_i}{dt}$ である．$u(t)$ は電源に対応する入力，a_{ij} $(j = 1 \sim N)$ と b_i は回路素子に対応するパラメータである．この式を以下のように略記する．

$$\dot{\boldsymbol{x}} = \boldsymbol{A}\boldsymbol{x} + \boldsymbol{b}u(t)$$

$$\boldsymbol{x} \equiv \begin{bmatrix} x_1 \\ \vdots \\ x_N \end{bmatrix}, \quad \boldsymbol{A} \equiv \begin{bmatrix} a_{11} & \cdots & a_{1N} \\ \vdots & \ddots & \vdots \\ a_{N1} & \cdots & a_{NN} \end{bmatrix}, \quad \boldsymbol{b} \equiv \begin{bmatrix} b_1 \\ \vdots \\ b_N \end{bmatrix} \tag{10.6}$$

この式では入力 $u(t)$ が一つであるが，複数の入力がある場合は，重ねの理を用いて考えればよい．

10.2　ラプラス変換による状態方程式の解法

状態方程式のラプラス変換による解法を，1 次元，2 次元，N 次元の場合について説明する．まず，1 次元の場合，状態方程式はつぎのようになる．

$$\dot{x} = -ax + bu(t) \tag{10.7}$$

式 (10.7) の両辺をラプラス変換すると

$$sX(s) - x(0) = -aX(s) + bU(s)$$

$X(s)$ について解くと

$$X(s) = (s+a)^{-1}\{x(0) + bU(s)\} \tag{10.8}$$

この式の両辺をラプラス逆変換すると解が求まる。

2次元の場合，状態方程式はつぎのようになる。

$$\begin{bmatrix} \dot{x}_1 \\ \dot{x}_2 \end{bmatrix} = \begin{bmatrix} a_{11} & a_{12} \\ a_{21} & a_{22} \end{bmatrix} \begin{bmatrix} x_1 \\ x_2 \end{bmatrix} + \begin{bmatrix} b_1 \\ b_2 \end{bmatrix} u(t) \tag{10.9}$$

両辺をラプラス変換すると

$$\begin{bmatrix} sX_1(s) - x_1(0) \\ sX_2(s) - x_2(0) \end{bmatrix} = \begin{bmatrix} a_{11} & a_{12} \\ a_{21} & a_{22} \end{bmatrix} \begin{bmatrix} X_1(s) \\ X_2(s) \end{bmatrix} + \begin{bmatrix} b_1 \\ b_2 \end{bmatrix} U(s)$$

となり，これを $X_1(s)$ と $X_2(s)$ について解く。

$$\begin{bmatrix} sX_1(s) \\ sX_2(s) \end{bmatrix} - \begin{bmatrix} a_{11} & a_{12} \\ a_{21} & a_{22} \end{bmatrix} \begin{bmatrix} sX_1(s) \\ sX_2(s) \end{bmatrix} = \begin{bmatrix} x_1(0) \\ x_2(0) \end{bmatrix} + \begin{bmatrix} b_1 \\ b_2 \end{bmatrix} U(s)$$

$$\begin{bmatrix} s & 0 \\ 0 & s \end{bmatrix} \begin{bmatrix} X_1(s) \\ X_2(s) \end{bmatrix} - \begin{bmatrix} a_{11} & a_{12} \\ a_{21} & a_{22} \end{bmatrix} \begin{bmatrix} X_1(s) \\ X_2(s) \end{bmatrix} = \begin{bmatrix} x_1(0) \\ x_2(0) \end{bmatrix} + \begin{bmatrix} b_1 \\ b_2 \end{bmatrix} U(s)$$

$$\begin{bmatrix} s - a_{11} & -a_{12} \\ -a_{21} & s - a_{22} \end{bmatrix} \begin{bmatrix} X_1(s) \\ X_2(s) \end{bmatrix} = \begin{bmatrix} x_1(0) \\ x_2(0) \end{bmatrix} + \begin{bmatrix} b_1 \\ b_2 \end{bmatrix} U(s)$$

すなわち次式で表せる。

$$\begin{bmatrix} X_1(s) \\ X_2(s) \end{bmatrix} = \begin{bmatrix} s - a_{11} & -a_{12} \\ -a_{21} & s - a_{22} \end{bmatrix}^{-1} \left[\begin{bmatrix} x_1(0) \\ x_2(0) \end{bmatrix} + \begin{bmatrix} b_1 \\ b_2 \end{bmatrix} U(s) \right] \tag{10.10}$$

式 (10.10) の両辺を逆ラプラス変換すると解が求まる。

N 次元の場合の状態方程式は

$$\dot{\boldsymbol{x}} = \boldsymbol{A}\boldsymbol{x} + \boldsymbol{b}u(t) \tag{10.11}$$

両辺をラプラス変換すると

$$s\boldsymbol{X}(s) - \boldsymbol{x}(0) = \boldsymbol{A}\boldsymbol{X}(s) + \boldsymbol{b}U(s)$$

$\boldsymbol{X}(s)$ について解くと

$$\boldsymbol{X}(s) = (s\boldsymbol{I} - \boldsymbol{A})^{-1}(\boldsymbol{x}(0) + \boldsymbol{b}U(s)) \tag{10.12}$$

ただし，$\boldsymbol{X}(s) \equiv (X_1(s), \cdots, X_n(s))^T$ であり，$\boldsymbol{I}$ は $N \times N$ の単位行列である。ただし，$\boldsymbol{X}^T$ は $\boldsymbol{X}$ の転置を表す。式 (10.12) の両辺を逆ラプラス変換すると解が求まる。以下ではおもに

2次元の状態方程式を考察する。

例題 10.1 図 10.2 の回路の状態方程式を導出し，ラプラス変換で解け。ただし，$RC = 1\,\mathrm{s}$, $v_1(0) = 1\,\mathrm{V}$, $v_2(0) = 0\,\mathrm{V}$ とする。

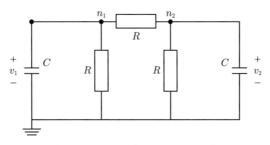

図 10.2 C 二つと R からなる回路

【解答】 節点 n_1, n_2 で KCL を適用すると以下のように求まる。

$$C\dot{v}_1 + \frac{v_1}{R} + \frac{v_1 - v_2}{R} = 0$$

$$C\dot{v}_2 + \frac{v_2}{R} + \frac{v_2 - v_1}{R} = 0$$

行列を用いて整理すると

$$\begin{bmatrix} \dot{v}_1 \\ \dot{v}_2 \end{bmatrix} = \frac{1}{RC} \begin{bmatrix} -2 & 1 \\ 1 & -2 \end{bmatrix} \begin{bmatrix} v_1 \\ v_2 \end{bmatrix}$$

となる。$RC = 1$ として式 (10.10) を適用すると

$$\begin{bmatrix} V_1(s) \\ V_2(s) \end{bmatrix} = \begin{bmatrix} s+2 & -1 \\ -1 & s+2 \end{bmatrix}^{-1} \begin{bmatrix} 1 \\ 0 \end{bmatrix} = \frac{1}{(s+2)^2 - 1} \begin{bmatrix} s+2 & 1 \\ 1 & s+2 \end{bmatrix} \begin{bmatrix} 1 \\ 0 \end{bmatrix}$$

となる。部分分数展開をすると

$$V_1(s) = \frac{s+2}{(s+1)(s+3)} = \frac{1/2}{s+1} + \frac{1/2}{s+3}, \quad V_2(s) = \frac{1}{(s+1)(s+3)} = \frac{1/2}{s+1} - \frac{1/2}{s+3}$$

となり，両辺を逆ラプラス変換すると解が得られる。

$$v_1(t) = \frac{1}{2}e^{-t} + \frac{1}{2}e^{-3t}\,[\mathrm{V}], \quad v_2(t) = \frac{1}{2}e^{-t} - \frac{1}{2}e^{-3t}\,[\mathrm{V}] \qquad \diamondsuit$$

例題 10.2 10.1 節の図 10.1 の回路で，$e(t) = U(t)\,[\mathrm{V}]$, $L = 1\,\mathrm{H}$, $C = 1\,\mathrm{F}$, $R_1 = R_3 = 1\,\Omega$, $R_2 = 4\,\Omega$, $i(0) = 0\,\mathrm{A}$, $v(0) = 1\,\mathrm{V}$ のとき，$i(t)$ と $v(t)$ を求めよ。ただし，$U(t)$ は単位ステップ関数である。

【解答】 式 (10.4) に数値を代入すると

$$\begin{bmatrix} \dot{i} \\ \dot{v} \end{bmatrix} = \begin{bmatrix} -4 & 1 \\ -1 & -2 \end{bmatrix} \begin{bmatrix} i \\ v \end{bmatrix} + \begin{bmatrix} 0 \\ 1 \end{bmatrix} U(t)$$

となる。$I(s) = \mathcal{L}[i(t)]$, $V(s) = \mathcal{L}[v(t)]$ として，式 (10.10) を用いると

$$\begin{bmatrix} I(s) \\ V(s) \end{bmatrix} = \begin{bmatrix} s+4 & -1 \\ 1 & s+2 \end{bmatrix}^{-1} \left(\begin{bmatrix} 0 \\ 1 \end{bmatrix} + \begin{bmatrix} 0 \\ 1 \end{bmatrix} \frac{1}{s} \right)$$

$$= \frac{1}{(s+4)(s+2)+1} \begin{bmatrix} s+2 & 1 \\ -1 & s+4 \end{bmatrix} \begin{bmatrix} 0 \\ 1+\frac{1}{s} \end{bmatrix}$$

となる。第 1 行と第 2 行をおのおの部分分数展開すると

$$I(s) = \frac{s+1}{s(s+3)^2} = \frac{1/9}{s} + \frac{2/3}{(s+3)^2} - \frac{1/9}{s+3}$$

$$V(s) = \frac{(s+1)(s+4)}{s(s+3)^2} = \frac{4/9}{s} + \frac{2/3}{(s+3)^2} + \frac{5/9}{s+3}$$

となり，両辺をラプラス逆変換すると解が得られる。

$$i(t) = \frac{1}{9}U(t) + \frac{2}{3}te^{-3t} - \frac{1}{9}e^{-3t} \,[\mathrm{A}], \quad v(t) = \frac{4}{9}U(t) + \frac{2}{3}te^{-3t} + \frac{5}{9}e^{-3t} \,[\mathrm{A}]$$

10.3　状態方程式の導出

　回路から状態方程式を導出するには，10.1 節の図 10.1 の回路で示したように，インダクタを含むループを選んで KVL を適用し，キャパシタとつながった節点を選んで KCL を適用する必要がある。小規模な回路では，このようなループや節点は直観的に選択できる場合が多いが，ここでは系統的に，このようなループや節点を選択する方法を説明する。この選択ができれば，与えられた回路から系統的に状態方程式を導出できることになる。まず，図 10.3 (a) に示す回路のグラフに対して，三つの概念を定義する。

(1) **カットセット** (cut–set)：回路のグラフを 2 分する枝の集合。一つの節点とそれ以外の部分に分割してもよい。例えば，図 (b) では，$\{b_e, b_6, b_5, b_2\}$ がカットセットである，$\{b_1, b_4, b_2\}$ もカットセットであり，一つの節点とそれ以外の部分に分割する。

(2) **木** (tree)：すべての節点を含み，ループをもたないグラフの部分集合 (図 (c))。

(3) **補木** (co–tree)：回路のグラフから木を取り除いた残り (図 (d))。

　木は最大無ループ集合であり，木に補木の枝を 1 本加えると一つのループができる。すなわち，補木の枝 1 本は，一つのループと対応するので，その補木の枝がインダクタの枝であれば，インダクタの枝を含むループが一つ定まり，そのループに KVL を適用すればよい。ま

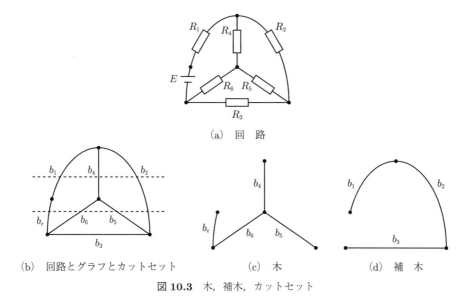

(a) 回路

(b) 回路とグラフとカットセット　　(c) 木　　(d) 補木

図 **10.3**　木，補木，カットセット

た，補木は最大無カットセット集合であり，補木に木の枝を 1 本加えると一つのカットセットができる。すなわち，木の枝 1 本は，一つのカットセットと対応するので，その木の枝がキャパシタの枝であれば，キャパシタの枝を含むカットセットが一つ定まり，そのカットセットに KCL を適用すればよい。なお，1 章で説明した KCL「任意の節点に流入する枝電流の総和は 0 である」は，「任意のカットセットの枝を流れる電流の総和は 0 である」と一般化できることが知られている。

図 10.4 (a) は図 10.1 の回路のグラフである。インダクタの枝 b_L が補木に含まれ，キャパシタの枝 b_c が木に含まれるように，図 10.4 (b), (c) に示したように木と補木を定める。インダクタの枝 b_L と木は，ループ l_2 を定める。このループ l_2 はその中にループを含まないので網路である[†]。このループ l_2 は，状態方程式 (10.4) を導くときに KVL を適用したループ

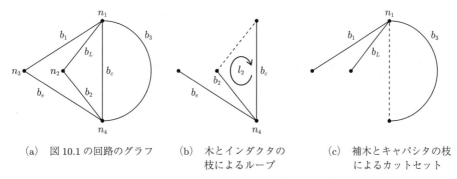

(a) 図 10.1 の回路のグラフ　　(b) 木とインダクタの枝によるループ　　(c) 補木とキャパシタの枝によるカットセット

図 **10.4**　ループとカットセット（節点）の選択

[†] 補木の枝と木を用いて定めたループが網路にならない場合もある。

にほかならない。キャパシタの枝 b_c と補木は，カットセット $\{b_1, b_L, b_c, b_3\}$ を定める。このカットセットに KCL を適用することは，節点 n_1 に KCL を適用することと同じである。この節点 n_1 は，状態方程式 (10.4) を導くときに KCL を適用した節点にほかならない。

まとめると以下のようになる。

(1)　回路のグラフに対してキャパシタ C を含みインダクタ L を含まない木を定める。

(2)　L の補木枝と木で決まるループで KVL を適用する。

(3)　C の木枝と補木で決まるカットセットに KCL を適用する。

(4)　得られた式を C の電圧と L の電流について解けば，状態方程式が得られる。

なお，C のみのループや L のみのカットセットがあるときは，C を含み L を含まない木を定めることができないので，そのような場合は除外することにする。C のみのループでは C の電圧に従属関係が生じ，L のみのカットセットでは L の電流に従属関係が生じるので，独立な状態変数を選び出せば，状態方程式を導出することができる。

10.4　スイッチを含む回路の複雑な初期値

3.1 節の例題 3.1 でキャパシタの電圧の連続性を学んだ。しかし，スイッチによってキャパシタのみのループができると，キャパシタ電圧の連続性は成り立たなくなる。そのような場合の回路の取扱い方を考える。

図 10.5 (a) のように，二つのキャパシタをスイッチでつなぐと，キャパシタのみのループができる。二つのキャパシタ電圧 v_1 と v_2 の値が異なる場合，これをスイッチでショートすると v_1 と v_2 は等しくなり，不連続となる。このとき v_1 と v_2 の値がどうなるかを考える。

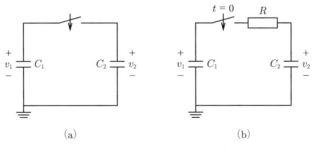

図 10.5　二つの C を含む回路

図 10.5 (b) のようにスイッチに直列に抵抗 R を挿入し，状態方程式を用いて v_1 と v_2 を求める。まず，スイッチを閉じた時刻を $t = 0$ とする。$t = 0$ の直前の時刻 $t = 0_-$ におけるキャパシタ電圧を $v_1(0_-)$，$v_2(0_-)$ とし，これらを初期値とする。$t \geq 0$ の回路の動作を考える。節点 n_1, n_2 で KCL を適用すると

$$C_1\dot{v}_1 + \frac{v_1 - v_2}{R} = 0, \quad C_2\dot{v}_2 + \frac{v_2 - v_1}{R} = 0$$

$\lambda_1 \equiv \dfrac{1}{C_1 R}, \lambda_2 \equiv \dfrac{1}{C_2 R}$ とおき，行列を用いて整理すると次式を得る。

$$\begin{bmatrix} \dot{v}_1 \\ \dot{v}_2 \end{bmatrix} = \begin{bmatrix} -\lambda_1 & \lambda_1 \\ \lambda_2 & -\lambda_2 \end{bmatrix} \begin{bmatrix} v_1 \\ v_2 \end{bmatrix} \tag{10.13}$$

$V_1(s) = \mathcal{L}[v_1(t)], V_2(s) = \mathcal{L}[v_2(t)]$ とし，式 (10.10) を適用すると

$$\begin{bmatrix} V_1(s) \\ V_2(s) \end{bmatrix} = \begin{bmatrix} s+\lambda_1 & -\lambda_1 \\ -\lambda_2 & s+\lambda_2 \end{bmatrix}^{-1} \begin{bmatrix} v_1(0_-) \\ v_2(0_-) \end{bmatrix}$$

$$= \frac{1}{s(s+\lambda_1+\lambda_2)} \begin{bmatrix} s+\lambda_2 & \lambda_1 \\ \lambda_2 & s+\lambda_1 \end{bmatrix} \begin{bmatrix} v_1(0_-) \\ v_2(0_-) \end{bmatrix}$$

$$V_1(s) = \frac{(s+\lambda_2)v_1(0_-) + \lambda_1 v_2(0_-)}{s(s+\lambda_1+\lambda_2)}, \quad V_2(s) = \frac{\lambda_2 v_1(0_-) + (s+\lambda_1)v_2(0_-)}{s(s+\lambda_1+\lambda_2)}$$

となる。部分分数展開すると

$$V_1(s) = \frac{A}{s} + \frac{v_1(0_-) - A}{s+\lambda_1+\lambda_2}, \quad V_2(s) = \frac{A}{s} + \frac{v_2(0_-) - A}{s+\lambda_1+\lambda_2}$$

$$A \equiv \frac{\lambda_2 v_1(0_-) + \lambda_1 v_2(0_-)}{\lambda_1 + \lambda_2}$$

となり，両辺を逆ラプラス変換すると解が得られる。

$$v_1(t) = A + (v_1(0_-) - A)e^{-(\lambda_1+\lambda_2)t}, \quad v_2(t) = A + (v_2(0_-) - A)e^{-(\lambda_1+\lambda_2)t}$$

時間が経過すると，過渡解は減衰し，v_1 と v_2 は同じ DC 定常解 $v_{1dc} = v_{2dc}$ に収束する。

$$\left.\begin{aligned} v_1(t) &\to v_{1dc}, \quad v_2(t) \to v_{2dc} \\ v_{1dc} &= v_{2dc} = A = \frac{C_1 v_1(0_-) + C_2 v_2(0_-)}{C_1 + C_2} \end{aligned}\right\} \tag{10.14}$$

ここで，次式が成り立つことがわかる。

$$(C_1 + C_2)v_{1dc} = C_1 v_{1dc} + C_2 v_{2dc} = C_1 v_1(0_-) + C_2 v_2(0_-)$$

右辺は $t = 0_-$ でのキャパシタの電荷の和であり，左辺は $t > 0$ で DC 定常状態となったときのキャパシタの電荷の和である。

$R \to 0$ とすると $\lambda_1 \to \infty$, $\lambda_2 \to \infty$ となり，v_1 と v_2 は即座に DC 定常解に達し，$v_1(0) = v_{1dc}, v_2(0) = v_{2dc}$ となる。これより，$t = 0$ でスイッチを閉じた瞬間のキャパシタ電圧について次式が成り立つことがわかる。

$$C_1 v_1(0) + C_2 v_2(0) = C_1 v_1(0_-) + C_2 v_2(0_-) \tag{10.15}$$

これは，スイッチの開閉の前後で，キャパシタの電荷の和が連続であることを示している．一般に，つぎのことが成り立つことが知られている．

> ある節点の接続されたキャパシタの電荷の和は連続である

これは KCL に基づいた結果であるが，現実の回路で生じる現象の近似であることに注意する．現実の回路では，キャパシタ電圧の値が瞬時に変化することはありえない．キャパシタ電圧が急に変化する場合，回路の動作はキルヒホッフの法則では説明できず，**マクスウェルの方程式** (Maxwell's equation) を用いて電磁波の発生を考えなくてはならない．実験では，式 (10.15) で回路の動作を近似できる場合もあるし，式 (10.15) が使えない場合もある．この電磁波発生の説明は，電磁気学の専門書に譲る．本書は KCL と KVL が成り立つ回路を対象としているので，式 (10.15) が成り立つものとして回路を考える．

例題 10.3 図 10.5 (b) の回路で，$RC_1 = RC_2 = 1/2 \, \mathrm{s}$, $v_1(0_-) = 2 \, \mathrm{V}$, $v_1(0_-) = 8 \, \mathrm{V}$ のとき，$t \geq 0$ での v_1 と v_2 を求めよ．

【解答】 式 (10.13) に数値を代入するとつぎのようになる．

$$\begin{bmatrix} \dot{v}_1 \\ \dot{v}_2 \end{bmatrix} = \begin{bmatrix} -2 & 2 \\ 2 & -2 \end{bmatrix} \begin{bmatrix} v_1 \\ v_2 \end{bmatrix}$$

$V_1(s) = \mathcal{L}[v_1(t)]$, $V_2(s) = \mathcal{L}[v_2(t)]$ とし，式 (10.10) を適用すると

$$\begin{bmatrix} V_1(s) \\ V_2(s) \end{bmatrix} = \begin{bmatrix} s+2 & -2 \\ -2 & s+2 \end{bmatrix}^{-1} \begin{bmatrix} 2 \\ 8 \end{bmatrix} = \frac{1}{s(s+4)} \begin{bmatrix} s+2 & 2 \\ 2 & s+2 \end{bmatrix} \begin{bmatrix} 2 \\ 8 \end{bmatrix}$$

$$V_1(s) = \frac{2s+20}{s(s+4)}, \quad V_2(s) = \frac{8s+20}{s(s+4)}$$

部分分数展開すると

$$V_1(s) = \frac{5}{s} - \frac{3}{s+4}, \quad V_2(s) = \frac{5}{s} + \frac{3}{s+4}$$

となる．両辺を逆ラプラス変換すると解が得られる．

$$v_1(t) = 5 - 3e^{-4t} \, [\mathrm{V}], \quad v_2(t) = 5 + 3e^{-4t} \, [\mathrm{V}]$$

◇

3 章の例題 3.4 でインダクタ電流の連続性を学んだ．しかし，スイッチによってインダクタのみのカットセットができると，インダクタ電流の連続性が成り立たなくなる．この問題を考察する．二つのインダクタとスイッチを含む図 **10.6** の回路を考える．この回路は，図

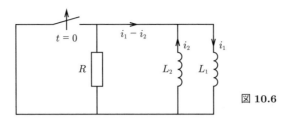

図 10.6

10.5 (b) の回路と双対であり，R を開放すると，スイッチによってインダクタのみのカットセットができる。まず，$i_1 \neq i_2$ であり，$t = 0$ でスイッチを開いたとする。

$t \geq 0$ での回路に KVL を適用すると，次式を得る。

$$L_1 \dot{i}_1 + R(i_1 - i_2) = 0, \quad -L_2 \dot{i}_2 + R(i_1 - i_2) = 0$$

$\lambda_1 \equiv R/L_1$, $\lambda_2 \equiv R/L_2$ とおき，行列を用いて整理すると次式を得る。

$$\begin{bmatrix} \dot{i}_1 \\ \dot{i}_2 \end{bmatrix} = \begin{bmatrix} -\lambda_1 & \lambda_1 \\ \lambda_2 & -\lambda_2 \end{bmatrix} \begin{bmatrix} i_1 \\ i_2 \end{bmatrix} \tag{10.16}$$

これは，式 (10.13) と同じ形をしている。ラプラス変換を適用すると以下のように解が得られる。

$$\left.\begin{array}{l} i_1(t) = i_{1dc} + \{i_1(0_-) - i_{1dc}\} e^{-(\lambda_1 + \lambda_2)t} \\ i_2(t) = i_{2dc} + \{i_2(0_-) - i_{2dc}\} e^{-(\lambda_1 + \lambda_2)t} \end{array}\right\}, \quad i_{1dc} = i_{2dc} \equiv \frac{\lambda_2 i_1(0_-) + \lambda_1 i_2(0_-)}{\lambda_1 + \lambda_2}$$

時間が経過すると，過渡解は減衰し，i_1 と i_2 は同じ DC 定常解 $i_{1dc} = i_{2dc}$ に収束する。

$$i_1(t) \to i_{1dc}, \quad i_2(t) \to i_{2dc}, \quad i_{1dc} = i_{2dc} = \frac{L_1 i_1(0_-) + L_2 i_2(0_-)}{L_1 + L_2}$$

抵抗 $R \to \infty$ とすると $\lambda_1 \to \infty$, $\lambda_2 \to \infty$ となり，i_1 と i_2 は即座に DC 定常解に達し，$i_1(0) = i_{1dc}$, $i_2(0) = i_{2dc}$ となる。これより，スイッチを開いた瞬間のインダクタ電流についてつぎの近似式が成り立つことがわかる。

$$L_1 i_1(0) + L_2 i_2(0) = L_1 i_1(0_-) + L_2 i_2(0_-) \tag{10.17}$$

これは，スイッチの開閉の前後で，インダクタの磁束の和が連続であることを示しており，式 (10.15) と双対な結果である。一般に，つぎのことが成り立つことが知られている。

あるループ内のインダクタの磁束の和は連続である

例題 10.4 (1) 図 **10.7** (a) の回路が DC 定常状態となった後，$t = 0$ でスイッチを閉じた。$t = 0$ で二つのキャパシタのみのループができる。$v_1(0_-)$, $v_2(0_-)$, $v_1(0)$ を求めよ。

(2) 図 10.7 (b) の回路が DC 定常状態となった後，$t = 0$ でスイッチを開いた。$t = 0$ で二つのインダクタのみのカットセットができる。$i_1(0_-)$, $i_2(0_-)$, $i_1(0)$ を求めよ。

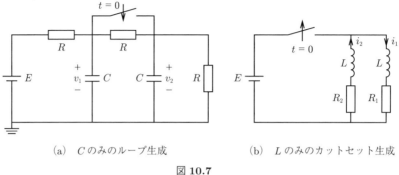

(a) C のみのループ生成　　(b) L のみのカットセット生成

図 10.7

【解答】 (1) $t = 0_-$ でキャパシタを開放すると

$$v_2(0_-) = \frac{E}{3}, \quad v_1(0_-) = \frac{2E}{3}$$

となる。スイッチの開閉の前後でキャパシタの電荷の和が連続なので

$$Cv_1(0) + Cv_2(0) = Cv_1(0_-) + Cv_2(0_-), \quad v_1(0) = v_2(0)$$

が成り立つ。したがって，つぎのように求まる。

$$v_1(0) = v_2(0) = \frac{1}{2}(v_1(0_-) + v_2(0_-)) = \frac{E}{2}$$

(2) $t = 0_-$ でインダクタをショートすると

$$i_1(0_-) = \frac{E}{R_1}, \quad i_2(0_-) = -\frac{E}{R_2}$$

となる。スイッチの開閉の前後でインダクタの磁束の和が連続なので

$$Li_1(0) + Li_2(0) = Li_1(0_-) + Li_2(0_-) \quad (i_1(0) = i_2(0))$$

が成り立つ。したがって，つぎのように求まる。

$$i_1(0) = i_2(0) = \frac{1}{2}(i_1(0_-) + i_2(0_-)) = \frac{1}{2}\left(\frac{E}{R_1} - \frac{E}{R_2}\right)$$

10.5　従属電源を含む回路

従属電源とキャパシタやインダクタを用いると，さまざまな動作をする回路を構成することができる。ここでは，その例として図 **10.8** の回路を説明する。この回路はキャパシタ電圧 v_1 で制御される VCVS を含み，その特性は次式で与えられるものとする。

$$\text{VCVS:} \quad f(v_1) = kv_1 \quad (k > 0)$$

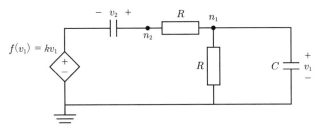

図 10.8 振動が成長する回路

ここで，k は増幅パラメータであり，その値によって，回路の動作が変化する．節点 n_1 と n_2 で KCL を適用すると

$$C\dot{v}_1 + \frac{v_1}{R} + \frac{v_1 - \{f(v_1) + v_2\}}{R} = 0, \quad C\dot{v}_2 + \frac{\{f(v_1) + v_2\} - v_1}{R} = 0$$

となる．これより行列の形の状態方程式

$$\begin{bmatrix} \dot{v}_1 \\ \dot{v}_2 \end{bmatrix} = \frac{1}{RC} \begin{bmatrix} k-2 & 1 \\ 1-k & -1 \end{bmatrix} \begin{bmatrix} v_1 \\ v_2 \end{bmatrix}$$

を得る．この特性方程式は

$$s^2 - \frac{k-3}{RC}s + \frac{1}{R^2C^2} = 0$$

となる．$3 < k < 5$ のとき，特性根は実部が正の複素数となる．これを $s = \delta_1 \pm j\omega_1, \delta_1 > 0$ と書く．特性根と回路のパラメータの関係は以下のようになる．

$$s^2 - 2\delta_1 s + (\delta_1^2 + \omega_1^2) = 0, \quad 2\delta_1 \equiv \frac{k-3}{RC}, \quad \delta_1^2 + \omega_1^2 \equiv \frac{1}{R^2C^2}$$

簡単のため，$k = 4, RC = 1/2\,\mathrm{s}$ として状態方程式を解く．この数値を代入すると

$$\begin{bmatrix} \dot{v}_1 \\ \dot{v}_2 \end{bmatrix} = \begin{bmatrix} 4 & 2 \\ -6 & -2 \end{bmatrix} \begin{bmatrix} v_1 \\ v_2 \end{bmatrix}$$

となる．初期値を $(v_1(0), v_2(0)) = (1, 1)$ として，式 (10.10) を適用すると，以下のようになる．

$$\begin{bmatrix} V_1(s) \\ V_2(s) \end{bmatrix} = \begin{bmatrix} s-4 & -2 \\ 6 & s+2 \end{bmatrix}^{-1} \begin{bmatrix} 1 \\ 1 \end{bmatrix} = \frac{1}{s^2 - 2s + 4} \begin{bmatrix} s+2 & 2 \\ -6 & s-4 \end{bmatrix} \begin{bmatrix} 1 \\ 1 \end{bmatrix}$$

$$V_1(s) = \frac{s-1}{(s-1)^2 + 3} + \frac{5}{(s-1)^2 + 3}, \quad V_2(s) = \frac{s-1}{(s-1)^2 + 3} - \frac{9}{(s-1)^2 + 3}$$

両辺を逆ラプラス変換すると，解が得られる．

$$v_1(t) = e^t \left(\cos\sqrt{3}t + \frac{5}{\sqrt{3}}\sin\sqrt{3}t\right) \text{ [V]}, \quad v_2(t) = e^t(\cos\sqrt{3}t - 3\sqrt{3}\sin\sqrt{3}t) \text{ [V]}$$

このようにキャパシタ電圧 v_1, v_2 の振動は成長し，この解は ∞ に発散する．しかし，実在の VCVS は**飽和** (saturation) 特性を有し，回路を試作して実験すると，キャパシタ電圧は発散せず，一定振幅の周期振動に落ち着く．すなわち，図 10.8 の回路は**発振器** (oscillator) として動作する．この回路の動作は，**非線形微分方程式** (non–linear differential equation) を用いて説明できる．その説明は，非線形回路の専門書に譲る．

電圧や電流の波形が振動して成長する回路は，エネルギーが消費される RLC 回路では実現できないが，エネルギーを供給する従属電源を含む回路では実現できることがわかった．このような回路は，通信システムなどで使用される信号発生回路の基礎として重要である．

例題 10.5 図 10.9 の回路で，VCCS の特性は

(1) $i_1 = v_2/r_m$, $i_2 = -v_1/r_m$ (2) $i_1 = (v_2 - v_1)/r_m$, $i_2 = -v_1/r_m$

とする．また，$r_m C = 1/2 \text{ s}$, $v_1(0) = 1 \text{ V}$, $v_2(0) = 1 \text{ V}$ とする．状態方程式を導出し，ラプラス変換で解け．

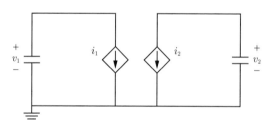

図 10.9 二つの C と二つの VCCS からなる回路

【解答】 (1) の特性はジャイレータの特性にほかならない．すなわち，この回路は VCCS によるジャイレータの実現例である．節点 n_1, n_2 で KCL を適用すると次式を得る．

$$C\dot{v}_1 + i_1 = 0, \quad C\dot{v}_1 + \frac{v_2}{r_m} = 0$$
$$C\dot{v}_2 + i_2 = 0, \quad C\dot{v}_2 - \frac{v_1}{r_m} = 0$$

これより，状態方程式は

$$\begin{bmatrix} \dot{v}_1 \\ \dot{v}_2 \end{bmatrix} = \begin{bmatrix} 0 & -\dfrac{1}{r_m C} \\ \dfrac{1}{r_m C} & 0 \end{bmatrix} \begin{bmatrix} v_1 \\ v_2 \end{bmatrix}$$

となる．$r_m C = 1/2$ を代入すると

$$\begin{bmatrix} \dot{v}_1 \\ \dot{v}_2 \end{bmatrix} = \begin{bmatrix} 0 & -2 \\ 2 & 0 \end{bmatrix} \begin{bmatrix} v_1 \\ v_2 \end{bmatrix}$$

となる。$(v_1(0), v_2(0)) = (1, 1)$ として式 (10.10) を適用すると

$$\begin{bmatrix} V_1(s) \\ V_2(s) \end{bmatrix} = \begin{bmatrix} s & 2 \\ -2 & s \end{bmatrix}^{-1} \begin{bmatrix} 1 \\ 1 \end{bmatrix} = \frac{1}{s^2+4} \begin{bmatrix} s & -2 \\ 2 & s \end{bmatrix} \begin{bmatrix} 1 \\ 1 \end{bmatrix}$$

$$V_1(s) = \frac{s}{s^2+4} - \frac{2}{s^2+4}, \quad V_2(s) = \frac{2}{s^2+4} + \frac{s}{s^2+4}$$

となり，両辺を逆ラプラス変換すると解が得られる。

$$v_1 = \cos 2t - \sin 2t \,\,[\text{V}], \quad v_2 = \sin 2t + \cos 2t \,\,[\text{V}]$$

すなわち，電圧波形は正弦波となる。

(2) の特性の場合，次式が成り立つ。

$$C\dot{v}_1 + \frac{v_2 - v_1}{r_m} = 0, \quad C\dot{v}_2 - \frac{v_1}{r_m} = 0$$

$r_m C = 1/2$ を代入して整理すると，状態方程式はつぎのようになる。

$$\begin{bmatrix} \dot{v}_1 \\ \dot{v}_2 \end{bmatrix} = \begin{bmatrix} 2 & -2 \\ 2 & 0 \end{bmatrix} \begin{bmatrix} v_1 \\ v_2 \end{bmatrix}$$

$(v_1(0), v_2(0)) = (1, 1)$ として式 (10.10) を適用すると

$$\begin{bmatrix} V_1(s) \\ V_2(s) \end{bmatrix} = \begin{bmatrix} s-2 & 2 \\ -2 & s \end{bmatrix}^{-1} \begin{bmatrix} 1 \\ 1 \end{bmatrix} = \frac{1}{s^2-2s+4} \begin{bmatrix} s & -2 \\ 2 & s-2 \end{bmatrix} \begin{bmatrix} 1 \\ 1 \end{bmatrix}$$

$$V_1(s) = \frac{s-1}{(s-1)^2+3} - \frac{1}{(s-1)^2+3}, \quad V_2(s) = \frac{s-1}{(s-1)^2+3} + \frac{1}{(s-1)^2+3}$$

となる。両辺を逆ラプラス変換すると，解が得られる。

$$v_1 = e^t \left(\cos \sqrt{3}t - \frac{1}{\sqrt{3}} \sin \sqrt{3}t \right), \quad v_2 = e^t \left(\cos \sqrt{3}t + \frac{1}{\sqrt{3}} \sin \sqrt{3}t \right)$$

◇

章 末 問 題

【1】 つぎの状態方程式を解け。ただし，$U(t)$ は単位ステップ関数である。

(1) $\begin{bmatrix} \dot{x}_1 \\ \dot{x}_2 \end{bmatrix} = \begin{bmatrix} -4 & 2 \\ 2 & -4 \end{bmatrix} \begin{bmatrix} x_1 \\ x_2 \end{bmatrix}$ $\quad \left(\begin{bmatrix} x_1(0) \\ x_2(0) \end{bmatrix} = \begin{bmatrix} 2 \\ 1 \end{bmatrix} \right)$

(2) $\begin{bmatrix} \dot{x}_1 \\ \dot{x}_2 \end{bmatrix} = \begin{bmatrix} -4 & 2 \\ 2 & -4 \end{bmatrix} \begin{bmatrix} x_1 \\ x_2 \end{bmatrix} + \begin{bmatrix} 12 \\ 0 \end{bmatrix} U(t)$ $\quad \left(\begin{bmatrix} x_1(0) \\ x_2(0) \end{bmatrix} = \begin{bmatrix} 0 \\ 0 \end{bmatrix} \right)$

(3) $\begin{bmatrix} \dot{x}_1 \\ \dot{x}_2 \end{bmatrix} = \begin{bmatrix} -4 & 2 \\ 2 & -4 \end{bmatrix} \begin{bmatrix} x_1 \\ x_2 \end{bmatrix} + \begin{bmatrix} 12 \\ 0 \end{bmatrix} U(t)$ $\quad \left(\begin{bmatrix} x_1(0) \\ x_2(0) \end{bmatrix} = \begin{bmatrix} 2 \\ 1 \end{bmatrix} \right)$

【2】 つぎの状態方程式を解け。

$\begin{bmatrix} \dot{x}_1 \\ \dot{x}_2 \end{bmatrix} = \begin{bmatrix} -1 & 2 \\ -2 & -1 \end{bmatrix} \begin{bmatrix} x_1 \\ x_2 \end{bmatrix} + \begin{bmatrix} 1 \\ 1 \end{bmatrix} e^{-2t}$ $\quad \left(\begin{bmatrix} x_1(0) \\ x_2(0) \end{bmatrix} = \begin{bmatrix} 1 \\ 1 \end{bmatrix} \right)$

144   10. 状態方程式

【3】 つぎの状態方程式を解け。
$$\begin{bmatrix} \dot{x}_1 \\ \dot{x}_2 \end{bmatrix} = \begin{bmatrix} 0 & 1 \\ -7 & -8 \end{bmatrix} \begin{bmatrix} x_1 \\ x_2 \end{bmatrix} + \begin{bmatrix} 0 \\ 1 \end{bmatrix} U(t) \quad \left(\begin{bmatrix} x_1(0) \\ x_2(0) \end{bmatrix} = \begin{bmatrix} 1 \\ 2 \end{bmatrix} \right)$$

【4】 図 10.10 の回路の状態方程式を導出せよ。また、$R = 2\,\Omega$, $C = 1/4\,\text{F}$, $L = 1\,\text{H}$, $i_s(t) = 2U(t)$, $i(0) = 0\,\text{A}$, $v(0) = 0\,\text{V}$ のとき、状態方程式を解け。

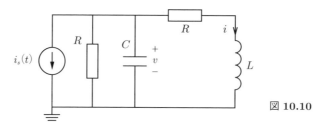

図 10.10

【5】 (1) 図 10.11 (a) の回路の状態方程式を導出せよ。また、$C = 1\,\text{F}$, $G = 1\,\text{S}$, $i(t) = 3U(t)$ 〔A〕, $v_1(0) = 6\,\text{V}$, $v_2(0) = 0\,\text{V}$ のとき、状態方程式を解け。

(2) 図 10.11 (b) の回路でスイッチを開き、DC 定常状態となった $t = 0$ でスイッチを閉じた。スイッチを閉じる直前の電圧 $v_1(0_-)$, $v_2(0_-)$ を求めよ。また、スイッチを閉じた直後の電圧 $v_1(0)$ を求めよ。

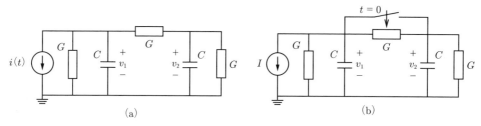

図 10.11

【6】 (1) 図 10.12 (a) の回路の状態方程式を導出せよ。また、$L = 1\,\text{H}$, $R = 1\,\Omega$, $e(t) = 6U(t)$ 〔V〕, $i_1(0) = 1\,\text{A}$, $i_2(0) = 0\,\text{A}$ のとき、状態方程式を解け。ただし、$U(t)$ は単位ステップ関数である。

(2) 図 10.12 (b) の回路でスイッチを閉じ、DC 定常状態となった $t = 0$ でスイッチを開いた。スイッチを開く直前の電流 $i_1(0_-)$, $i_2(0_-)$ を求めよ。また、スイッチを開いた直後の電流 $i_1(0)$ を求めよ。

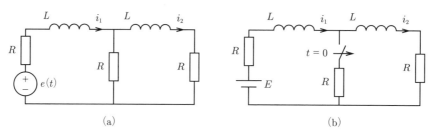

図 10.12

付　　　　録

A.1　行列式，クラーメルの公式

節点方程式や網路方程式の解法などを学ぶ際に，必要不可欠な行列の計算の基本事項を概説する。行列の計算は，低次元の場合は手計算できるが，高次元の場合はコンピュータによって数値計算することになる。ここでは，2×2 や 3×3 の行列をおもに説明する。このような低次元の場合の計算によって理解を深めれば，高次元の場合の数値計算を実行するための感覚を身につけることができる。

2元の連立方程式 (A.1) は，**行列** (matrix) を用いて式 (A.2) のように記述できる。

$$\left.\begin{array}{l} a_{11}x_1 + a_{12}x_2 = b_1 \\ a_{21}x_1 + a_{22}x_2 = b_2 \end{array}\right\} \tag{A.1}$$

$$\begin{bmatrix} a_{11} & a_{12} \\ a_{21} & a_{22} \end{bmatrix} \begin{bmatrix} x_1 \\ x_2 \end{bmatrix} = \begin{bmatrix} b_1 \\ b_2 \end{bmatrix} \quad \text{これを } \boldsymbol{A}_2 \boldsymbol{x} = \boldsymbol{b} \text{ と略す} \tag{A.2}$$

行列 $\boldsymbol{A}_2$ の**行列式** (determinant) は次式で与えられる。

$$\Delta_2 \equiv \begin{vmatrix} a_{11} & a_{12} \\ a_{21} & a_{22} \end{vmatrix} = a_{11}a_{22} - a_{21}a_{12} \tag{A.3}$$

この行列式に基づいて，連立方程式 (A.1) が解ける条件（解が一意に定まる条件）が与えられる。

$$\Delta_2 \neq 0$$

行列 $\boldsymbol{A}_2$ の**逆行列** (inverse matrix) は次式で与えられる。

$$\boldsymbol{A}_2^{-1} = \frac{1}{\Delta_2} \begin{bmatrix} a_{22} & -a_{12} \\ -a_{21} & a_{11} \end{bmatrix}$$

このとき

$$\boldsymbol{A}_2^{-1} \boldsymbol{A}_2 = \boldsymbol{A}_2 \boldsymbol{A}_2^{-1} = \begin{bmatrix} 1 & 0 \\ 0 & 1 \end{bmatrix}$$

となる。連立方程式 (A.1) の解法にはさまざまなものがある。クラーメルの公式を用いると以下のように解ける。

$$x_1 = \frac{1}{\Delta_2} \begin{bmatrix} b_1 & a_{12} \\ b_2 & a_{11} \end{bmatrix}, \quad x_2 = \frac{1}{\Delta_2} \begin{bmatrix} a_{22} & b_1 \\ a_{21} & b_2 \end{bmatrix}$$

3元の連立方程式はつぎのように行列を用いて記述できる。

$$\left.\begin{array}{l}a_{11}x_1 + a_{12}x_2 + a_{13}x_3 = b_1 \\ a_{21}x_1 + a_{22}x_2 + a_{23}x_3 = b_2 \\ a_{31}x_1 + a_{32}x_2 + a_{33}x_3 = b_3\end{array}\right\} \quad (\text{A.4})$$

$$\begin{bmatrix} a_{11} & a_{12} & a_{13} \\ a_{21} & a_{22} & a_{23} \\ a_{31} & a_{32} & a_{33} \end{bmatrix} \begin{bmatrix} x_1 \\ x_2 \\ x_3 \end{bmatrix} = \begin{bmatrix} b_1 \\ b_2 \\ b_3 \end{bmatrix} \quad \text{これを } \boldsymbol{A}_3 \boldsymbol{x} = \boldsymbol{b} \text{ と略す}$$

連立方程式 (A.4) の解が一意に定まる条件は，行列 $\boldsymbol{A}_3$ の行列式によって与えられる。

$$\Delta_3 \neq 0, \quad \Delta_3 \equiv \begin{vmatrix} a_{11} & a_{12} & a_{13} \\ a_{21} & a_{22} & a_{23} \\ a_{31} & a_{32} & a_{33} \end{vmatrix}$$

行列式の値を計算するためには行列式の展開が基本的である。例えば，第 1 列の要素で展開するとつぎのようになる。

$$\Delta_3 = a_{11} \begin{vmatrix} a_{22} & a_{23} \\ a_{32} & a_{33} \end{vmatrix} - a_{21} \begin{vmatrix} a_{12} & a_{13} \\ a_{32} & a_{33} \end{vmatrix} + a_{31} \begin{vmatrix} a_{12} & a_{13} \\ a_{22} & a_{23} \end{vmatrix} \quad (\text{A.5})$$

連立方程式 (A.4) は，クラーメルの公式を用いると以下のように解ける。

$$x_1 = \frac{1}{\Delta_3} \begin{vmatrix} b_1 & a_{12} & a_{13} \\ b_2 & a_{22} & a_{23} \\ b_3 & a_{32} & a_{33} \end{vmatrix}, \quad x_2 = \frac{1}{\Delta_3} \begin{vmatrix} a_{11} & b_1 & a_{13} \\ a_{21} & b_2 & a_{23} \\ a_{31} & b_3 & a_{33} \end{vmatrix}, \quad x_3 = \frac{1}{\Delta_3} \begin{vmatrix} a_{11} & a_{12} & b_1 \\ a_{21} & a_{22} & b_2 \\ a_{31} & a_{32} & b_3 \end{vmatrix}$$

n 元の連立方程式の行列を用いた表現は以下のようになる。

$$\begin{bmatrix} a_{11} & a_{12} & \cdots & a_{1n} \\ a_{21} & a_{22} & \cdots & a_{2n} \\ \vdots & \vdots & \ddots & \vdots \\ a_{n1} & a_{n2} & \cdots & a_{nn} \end{bmatrix} \begin{bmatrix} x_1 \\ x_2 \\ \vdots \\ x_n \end{bmatrix} = \begin{bmatrix} b_1 \\ b_2 \\ \vdots \\ b_n \end{bmatrix} \quad \text{これを } \boldsymbol{A}_n \boldsymbol{x} = \boldsymbol{b} \text{ と略す} \quad (\text{A.6})$$

連立方程式 (A.6) は，クラーメルの公式を用いると以下のように解ける。

$$x_1 = \frac{1}{\Delta_n} \begin{vmatrix} b_1 & a_{12} & \cdots & a_{1n} \\ b_2 & a_{22} & \cdots & a_{2n} \\ \vdots & \vdots & \ddots & \vdots \\ b_n & a_{n2} & \cdots & a_{nn} \end{vmatrix}, \quad x_2 = \frac{1}{\Delta_n} \begin{vmatrix} a_{11} & b_1 & \cdots & a_{1n} \\ a_{21} & b_2 & \cdots & a_{2n} \\ \vdots & \vdots & \ddots & \vdots \\ a_{n1} & b_n & \cdots & a_{nn} \end{vmatrix}, \quad \cdots$$

ただし，Δ_n は次式で与えられる n 行 n 列の行列式である。

$$\Delta_n \equiv \begin{vmatrix} a_{11} & a_{12} & \cdots & a_{1n} \\ a_{21} & a_{22} & \cdots & a_{2n} \\ \vdots & \vdots & \ddots & \vdots \\ a_{n1} & a_{n2} & \cdots & a_{nn} \end{vmatrix}$$

n が大きい場合，行列式はコンピュータによって数値計算することになる．低次元の場合は，式 (A.5) のような展開を繰り返し適用するなどして手計算することも可能である．例えば，行列 $\boldsymbol{A}_n$ の行列式 Δ_n を第 1 列で展開すると

$$\Delta_n = a_{11}M_{11} - a_{12}M_{12} + \cdots + (-1)^{1+n}a_{1n}M_{1n} \tag{A.7}$$

となる．ただし，M_{ij} は行列 $\boldsymbol{A}_n$ から第 i 列と第 j 行を取り除いた行列の行列式である．$(-1)^{i+j}M_{ij}$ は a_{ij} の**余因子** (cofactor) と呼ばれる．

A.2 複 素 数

正弦波定常状態での回路解析を学ぶ際に，必要不可欠な複素数の計算の基本事項を概説する．よく知られているように 2 次方程式 $s^2 + 1 = 0$ の根は**実数** (real number) ではなく，**虚数** (imaginary number) となる：$s = j$ あるいは $s = -j, j = \sqrt{-1}$．

電気電子工学では虚数単位を j で表す．数学では i で虚数単位を表すことが多いが，電気電子工学では i で電流を表すことが多い．

$$z = x + jy$$

を**複素数** (complex number) という．複素数にはおもに二つの表現法がある．この表現法は「直角（座標）表示」という．もう一つの表現法である「指数表示」は後で示す．実数 x は z の**実部** (real part)，実数 y は z の**虚部** (imaginary part) であり，つぎのように表現される．

実　部： $x = \Re(z)$
虚　部： $y = \Im(z)$

複素数 z は，実部を横軸，虚部を縦軸とした複素数平面上に**図 A.1** のように表すことができる．

$$\bar{z} = x - jy$$

を z の**複素共役** (complex conjugate) という．図 A.1 に示したように，z の**絶対値** (magnitude) と**偏角** (angle) をつぎのように表現する．

絶対値： $|z| = \sqrt{x^2 + y^2}$
偏　角： $\angle z = \theta \quad (0 \leq \theta < 2\pi)$

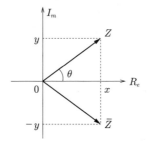

図 **A.1** 複素数平面

$x > 0, y > 0$ の場合は，$\theta = \tan^{-1}(y/x)$ である。

つぎに，指数表示を導入する。まず，以下にオイラーの公式を示す。

$$e^{j\theta} = \cos\theta + j\sin\theta, \quad e^{-j\theta} = \cos\theta - j\sin\theta$$

これは，両辺をテイラー展開すれば証明できる。$x = |z|\cos\angle z$, $y = |z|\sin\angle z$ に注意すると

$$z = x + jy = |z|\cos\angle z + j|z|\sin\angle z = |z|(\cos\angle z + j\sin\angle z)$$

となる。すなわち，複素数は以下のように表現できる。

$$z = |z|e^{j\angle z}$$

これが複素数 z の指数表示である。この指数表示はフーリエ解析などで頻繁に使用されている[11]†。複素数の計算でも大変便利である。ここで，二つの複素数 z_1 と z_2 の加減乗除演算を考える。

直角表示： $z_1 = x_1 + jy_1, \quad z_2 = x_2 + jy_2$
指数表示： $z_1 = |z_1|e^{j\angle z_1}, \quad z_2 = |z_2|e^{j\angle z_2}$

足し算と引き算は直角表示で簡単に実行できる。

足し算： $z_1 + z_2 = (x_1 + x_2) + j(y_1 + y_2)$
引き算： $z_1 - z_2 = (x_1 - x_2) + j(y_1 - y_2)$

しかし，掛け算と割り算では状況が違ってくる。

掛け算： $z_1 z_2 = (x_1 + jy_1)(x_2 + jy_2) = (x_1 x_2 - y_1 y_2) + j(x_1 y_2 + y_1 x_2)$

割り算： $\dfrac{z_1}{z_2} = \dfrac{x_1 + jy_1}{x_2 + jy_2} = \dfrac{(x_1 + jy_1)(x_2 - jy_2)}{(x_2 + jy_2)(x_2 - jy_2)} = \dfrac{(x_1 x_2 + y_1 y_2) + j(-x_1 y_2 + y_1 x_2)}{x_2^2 + y_2^2}$

このような計算は項数が増えると非常に煩雑になる。一方，指数表示を用いると以下のようになる。

掛け算： $z_1 z_2 = |z_1|e^{j\angle z_1}|z_2|e^{j\angle z_2} = |z_1||z_2|e^{j(\angle z_1 + \angle z_2)}$

割り算： $\dfrac{z_1}{z_2} = \dfrac{|z_1|e^{j\angle z_1}}{|z_2|e^{j\angle z_2}} = \dfrac{|z_1|}{|z_2|}e^{j(\angle z_1 - \angle z_2)}$

すなわち，計算結果は以下のように与えられる。指数表示を用いると，項数が増えても簡潔に計算できることがわかる。

掛け算： $z_m \equiv z_1 z_2, \quad |z_m| = |z_1||z_2|, \quad \angle z_m = \angle z_1 + \angle z_2$

割り算： $z_d \equiv \dfrac{z_1}{z_2}, \quad |z_d| = \dfrac{|z_1|}{|z_2|}, \quad \angle z_d = \angle z_1 - \angle z_2$

---

† 本文中の肩付き数字は，巻末の引用・参考文献を表す。

引用・参考文献

1) C. A. Desoer and E. S. Kuh : Basic Circuit Theory, McGraw–Hill (1969)
2) L. O. Chua, C. A. Desoer and E. S. Kuh : Linear and Nonlinear Circuits, McGraw–Hill (1987)
3) C. K. Tse : Linear Circuit Analysis, Addison–Wesley (1998)
4) 藤田広一：電磁気学ノート（改訂版），コロナ社 (1975)
5) 佐藤　力：電子回路論，昭晃堂 (1980)
6) 森　真作：電気回路ノート，コロナ社 (1977)
7) 曽根　悟，檀　良：電気回路の基礎，昭晃堂 (1976)
8) 小林邦博，川上　博：電気回路の過渡現象，産業図書 (1991)
9) 白川　功，梶谷洋司，篠田庄司：最新回路理論――基礎と演習，日本理工出版会 (1981)
10) 原島　博，堀　洋一：工学基礎 ラプラス変換と z 変換（新・工科系の数学），数理工学社 (2004)
11) H. P. スウ 著，佐藤平八 訳：フーリエ解析（工学基礎実習シリーズ 1），森北出版 (1979)

章末問題解答

1章

【1】 $Q = \dfrac{5 \times 5}{300} \cdot 60 \times 3 = 15\,\text{J}, \quad P = \dfrac{5 \times 5}{300} = \dfrac{1}{12}\,\text{W}$

【2】 $\text{N}_\text{A} : i_a - i_b - i_c = 0, \quad \text{N}_\text{B} : -i_a - i_d - i_g = 0, \quad \text{N}_\text{C} : i_c + i_d - i_e - i_f = 0$
$\text{N}_\text{D} : i_b + i_e + i_h = 0, \quad \text{N}_\text{E} : i_f + i_g - i_h = 0$

【3】 $m_1 : -v_b + v_c + v_e = 0, \quad m_2 : -v_a - v_c + v_d = 0$
$m_3 : -v_d - v_f + v_g = 0, \quad m_4 : -v_e + v_f + v_h = 0$

【4】 前々問 KCL, 前問 KVL の結果を用いて

$$v_a i_a + v_b i_b + v_c i_c + v_d i_d + v_e i_e + v_f i_f + v_g i_g + v_h i_h = 0$$

【5】 (1) $i = \dfrac{1}{5+R}\,\text{A}$, (2) $R = 5\,\Omega$ のとき $P_{\max} = \dfrac{1}{20}\,\text{W}$

【6】 $R = 4\,\Omega, \quad P = \dfrac{1}{9}\,\text{W}$

2章

【1】 $E_1 + r_1 i + E_2 + r_2 i - E_3 + r_3 i = 0, \quad i = -\dfrac{E}{3r}$

【2】 $I_1 + g_1 v - I_2 + g_2 v + I_3 + v/r_3 = 0, \quad v = \dfrac{-I_1 + I_2 - I_3}{g_1 + g_2 + 1/r_3}$

【3】 $\begin{bmatrix} 2r & -r \\ -r & 2r+R \end{bmatrix} \begin{bmatrix} i_1 \\ i_2 \end{bmatrix} = \begin{bmatrix} E \\ 0 \end{bmatrix} \quad i_2 = \dfrac{E}{3r+2R}, \quad p = \dfrac{E^2}{24r}$

【4】 $\begin{bmatrix} 2/r & -1/r \\ -1/r & 2/r \end{bmatrix} \begin{bmatrix} v_1 \\ v_2 \end{bmatrix} = \begin{bmatrix} 2I \\ 0 \end{bmatrix} \quad v_1 = \dfrac{4}{3}rI, \quad v_2 = \dfrac{2}{3}rI$

【5】 $\begin{bmatrix} 2r & -r \\ -r & 3r \end{bmatrix} \begin{bmatrix} i_1 \\ i_2 \end{bmatrix} = \begin{bmatrix} E \\ -E \end{bmatrix} \quad i_2 = -\dfrac{E}{5r}, \quad V_{eq} = -\dfrac{E}{5}, \quad R_{eq} = \dfrac{3r}{5}$

【6】 $\begin{bmatrix} 2g & -g \\ -g & 2g \end{bmatrix} \begin{bmatrix} v_1 \\ v_2 \end{bmatrix} = \begin{bmatrix} I_1 \\ I_2 - I_1 \end{bmatrix} \quad v_1 = \dfrac{I_1 + I_2}{3g}, \quad I_{eq} = \dfrac{I_1 + I_2}{3}, \quad G_{eq} = \dfrac{g}{3}$

3章

【1】 (a) $\dfrac{8}{7}\,\mu\text{F}$, (b) $\dfrac{8}{7}\,\mu\text{F}$

【2】 (a) $\dfrac{79}{15}\,\text{mH}$, (b) $\dfrac{27}{4}\,\text{mH}$

【3】 0 s から 1 s の間: $i(t) = 4.7 \times 10^{-6} \cdot 5 = 23.5\,\mu\text{A}, q(t) = 4.7 \times 10^{-6} \cdot 5t = 23.5t\,\mu\text{C}$
1 s 以降: $i(t) = 0\,\text{A}, q(t) = 23.5\,\mu\text{C}$

図示した結果は**解図 3.1** 参照。

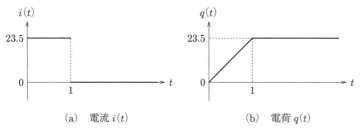

(a) 電流 $i(t)$　　(b) 電荷 $q(t)$

解図 3.1

【4】 0 s から 1 s の間：$v(t) = 100 \times 10^{-3} \cdot 3 = 0.3\,\mathrm{V}$

1 s 以降：$v(t) = 0\,\mathrm{V}$

図示した結果は**解図 3.2** 参照。

解図 3.2

【5】 $P = 1 \times 10^{-9} \cdot 2.5^2 \cdot 10^9 = 6.25\,\mathrm{W}$

【6】 $v(t) = \dfrac{3}{2}\left(1 - \exp(-50t)\right)\,[\mathrm{V}]$

図示した結果は**解図 3.3** 参照。

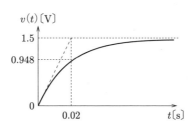

解図 3.3

【7】 $i(t) = \dfrac{3}{10} \times 10^{-3} \cdot \left(1 - \exp\left(-\dfrac{25}{3} \times 10^3 \cdot t\right)\right)\,[\mathrm{A}]$

図示した結果は**解図 3.4** 参照。

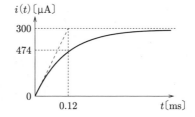

解図 3.4

4章

【1】 (1) $X = \dfrac{5}{1+6j}$, $x = \dfrac{5}{\sqrt{37}}\cos(3t - \tan^{-1}6)$ (2) $X = \dfrac{1}{5j}$, $x = \dfrac{1}{5}\cos\left(2t - \dfrac{\pi}{2}\right)$

【2】 $I = \dfrac{2}{1-j}$, $i = \sqrt{2}\cos\left(0.5t + \dfrac{\pi}{4}\right)$ 〔A〕

【3】 (1) $\begin{bmatrix} R + j\omega L & -R \\ -R & 2R + j\omega L \end{bmatrix} \begin{bmatrix} I_1 \\ I_2 \end{bmatrix} = \begin{bmatrix} E \\ 0 \end{bmatrix}$

(2) $\omega = 2$ のとき $I_2 = \dfrac{4}{3+6j}$, $\omega = 4$ のとき $I_2 = \dfrac{1}{3j}$

重ねの理より $i_2 = \dfrac{4}{\sqrt{45}}\cos(2t - \tan^{-1}2) + \dfrac{1}{3}\cos\left(4t - \dfrac{\pi}{2}\right)$ 〔A〕

【4】 $\begin{bmatrix} 2G + j\omega C & -G \\ -G & 2G + j\omega C \end{bmatrix} \begin{bmatrix} V_1 \\ V_2 \end{bmatrix} = \begin{bmatrix} I \\ 0 \end{bmatrix}$

$v_2 = \dfrac{1}{\sqrt{5}}\cos(2t - \tan^{-1}2) + \dfrac{2}{\sqrt{65}}\cos(4t - \pi + \tan^{-1}8)$ 〔V〕

【5】 $\begin{bmatrix} 2G + \dfrac{1}{j\omega L} & -G \\ -G & 2G + j\omega C \end{bmatrix} \begin{bmatrix} V_1 \\ V_2 \end{bmatrix} = \begin{bmatrix} I \\ 0 \end{bmatrix}$

$V_2 = \dfrac{2I}{13 + j(\omega/2 - 32/\omega)}$, $\omega = 8\,\text{rad/s}$ で $|V_2|$ 最大。

5章

【1】 (1) $v_e = 2\sqrt{2}\,\text{V}$, (2) $v_e = \sqrt{22}\,\text{V}$, (3) $i_e = \sqrt{20}\,\text{mA}$

【2】 $\begin{bmatrix} 2G & -G \\ -G & 2G + j\omega C \end{bmatrix} \begin{bmatrix} V_{1e} \\ V_{2e} \end{bmatrix} = \begin{bmatrix} I_e \\ 0 \end{bmatrix}$, $V_{2e} = \dfrac{I_e}{3 + j\omega}$

$v_2 = \dfrac{2}{\sqrt{10}}\sin\left(t - \tan^{-1}\dfrac{1}{3}\right) + \dfrac{2}{\sqrt{18}}\sin\left(t - \dfrac{\pi}{4}\right)$ 〔V〕, $v_{2e} = \sqrt{\dfrac{14}{45}}\,\text{V}$

【3】 $\begin{bmatrix} 2(r + j\omega L) & r + j\omega L \\ r + j\omega L & 2(r + j\omega L) \end{bmatrix} \begin{bmatrix} I_{1e} \\ I_{2e} \end{bmatrix} = \begin{bmatrix} (1 - a^2)A_e \\ (a - a^2)A_e \end{bmatrix}$ $\left(a = \exp\left(-\dfrac{j2\pi}{3}\right)\right)$

$I_{1e} = \dfrac{A_e}{r + j\omega L}$, $i_1 = \sqrt{2}|I_{1e}|\sin(\omega t + \angle I_{1e})$ 〔A〕, $P_A = r|I_{1e}|^2$ 〔W〕

6章

【1】 $f(t) = \dfrac{1}{\pi} + \dfrac{1}{2}\cos \pi t$

$\qquad + \dfrac{2}{\pi}\left(\dfrac{1}{3}\cos 2\pi t - \dfrac{1}{15}\cos 4\pi t + \dfrac{1}{35}\cos 6\pi t - \dfrac{1}{63}\cos 8\pi t + \cdots\right)$

【2】 $\begin{bmatrix} r_1 + r_2 & r_2 \\ r_2 & r_1 + r_2 \end{bmatrix} \begin{bmatrix} i_1 \\ i_2 \end{bmatrix} = \begin{bmatrix} e_1(t) \\ e_2(t) \end{bmatrix}$

$i = 2\cos t + \cos 2t + \dfrac{1}{5}\cos 3t$, $|C_1|^2 = 1$, $|C_2|^2 = 1/4$, $|C_3|^2 = 1/100$

【3】 $f(t) = \sum_{n=-\infty}^{\infty} C_n e^{jnt}$, $C_0 = 0$, $C_n = \begin{cases} \dfrac{2j}{n} & (n = \pm 2, \pm 4, \cdots \text{のとき}) \\ -\dfrac{2j}{n} & (n = \pm 1, \pm 3, \pm 5, \cdots \text{のとき}) \end{cases}$

$f(t) = 4\left(\sin t - \dfrac{1}{2}\sin 2t + \dfrac{1}{3}\sin 3t - \dfrac{1}{4}\sin 4t + \dfrac{1}{5}\sin 5t - \dfrac{1}{6}\sin 6t + \cdots\right)$

7章

【1】 $\begin{bmatrix} V_1 \\ I_1 \end{bmatrix} = \begin{bmatrix} \dfrac{Z_{11}}{Z_{21}} & \dfrac{Z_{11}Z_{22} - Z_{12}Z_{21}}{Z_{21}} \\ \dfrac{1}{Z_{21}} & \dfrac{Z_{22}}{Z_{21}} \end{bmatrix} \begin{bmatrix} V_2 \\ -I_2 \end{bmatrix}$

【2】 $\begin{bmatrix} V_1 \\ I_1 \end{bmatrix} = \begin{bmatrix} -\dfrac{Y_{22}}{Y_{21}} & -\dfrac{1}{Y_{21}} \\ -\dfrac{Y_{11}Y_{22} - Y_{12}Y_{21}}{Y_{21}} & -\dfrac{Y_{11}}{Y_{21}} \end{bmatrix} \begin{bmatrix} V_2 \\ -I_2 \end{bmatrix}$

【3】 $\begin{bmatrix} I_1 \\ I_2 \end{bmatrix} = \begin{bmatrix} \dfrac{D}{B} & -\dfrac{AD - BC}{B} \\ -\dfrac{1}{B} & \dfrac{A}{B} \end{bmatrix} \begin{bmatrix} V_1 \\ V_2 \end{bmatrix}$

【4】 $\boldsymbol{Z} = \begin{bmatrix} R + \dfrac{1}{j\omega C} & \dfrac{1}{j\omega C} \\ \dfrac{1}{j\omega C} & R + \dfrac{1}{j\omega C} \end{bmatrix}$

$\boldsymbol{Y} = \boldsymbol{Z}^{-1} + \begin{bmatrix} j\omega C_1 & 0 \\ 0 & j\omega C_2 \end{bmatrix} = \begin{bmatrix} \dfrac{1 + j\omega RC}{R(2 + j\omega RC)} + j\omega C_1 & \dfrac{-1}{R(2 + j\omega RC)} \\ \dfrac{-1}{R(2 + j\omega RC)} & \dfrac{1 + j\omega RC}{R(2 + j\omega RC)} + j\omega C_2 \end{bmatrix}$

【5】 $\begin{bmatrix} V_1 \\ I_1 \end{bmatrix} = \begin{bmatrix} 1 + j\omega CR & R \\ j\omega C & 1 \end{bmatrix} \begin{bmatrix} 1 + j\omega CR & R \\ j\omega C & 1 \end{bmatrix} \begin{bmatrix} V_2 \\ -I_2 \end{bmatrix}$

$v_2 = \dfrac{E}{3}\sin \omega t$

【6】 $\boldsymbol{Z} = \begin{bmatrix} j\omega L_1 + R_1 & j\omega M \\ j\omega M & j\omega L_2 + R_2 \end{bmatrix}$

$P_A = \dfrac{1}{2}R_2|I_2|^2$, $I_2 = \dfrac{-j\omega ME}{R_1R_2 + j\omega(R_1L_2 + R_2L_1)}$

【7】 $Y_{\text{in}} = \dfrac{g^2}{j\omega C}$, $V_1 = \dfrac{A}{G + j\left(\omega C - \dfrac{g^2}{\omega C}\right)}$, $g = \omega C$ で $|V_1|$ 最大

【8】 $Z_{\text{in}} = \dfrac{a^2}{j\omega C}$, $I_1 = \dfrac{E}{R + j\left(\omega L - \dfrac{a^2}{\omega C}\right)}$, $a = \omega\sqrt{LC}$ で $P_a = \dfrac{1}{2}R|I_1|^2$ 最大

8章

【1】 (1) 一般解：$v(t) = 2 + k_1 e^{-t} + k_2 e^{-5t}$

解：　　$v(t) = 2 - \dfrac{3}{4} e^{-t} - \dfrac{1}{4} e^{-5t}$ 〔V〕

(2) 一般解：$v(t) = 2 + A e^{-t} \cos 2t + B e^{-t} \sin 2t$

解：　　$v(t) = 2 - e^{-t} \cos 2t + \dfrac{1}{2} e^{-t} \sin 2t$ 〔V〕

(3) 一般解：$v(t) = 2 + A \cos \sqrt{5} t + B \sin \sqrt{5} t$

解：　　$v(t) = 2 - \cos \sqrt{5} t + \dfrac{2}{\sqrt{5}} \sin \sqrt{5} t$ 〔V〕

【2】 一般解：$v(t) = \sin 2t + k_1 e^{-t} + k_2 e^{-4t}$

解：　　$v(t) = \sin 2t + 2e^{-t} - e^{-4t}$ 〔V〕

【3】 $v(0) = -RI$,　　$i(0) = E/R$

$t > 0$ で $\dfrac{d^2 i}{dt^2} + \dfrac{2}{RC} \dfrac{di}{dt} + \dfrac{1}{LC} i = \dfrac{1}{LC} \left(\dfrac{E}{R} - I \right)$,　　$\left(\dfrac{1}{RC} \right)^2 < \dfrac{1}{LC}$ のとき i は減衰振動

9章

【1】 (1)　$X(s) = \dfrac{3}{s(s+3)}$,　　$x(t) = U(t) - e^{-3t}$

(2)　$X(s) = \dfrac{3}{(s+2)(s+3)}$,　　$x(t) = 3e^{-2t} - 3e^{-3t}$

(3)　$x(t) = U(t) + 3e^{-2t} - 4e^{-3t}$

【2】 (1)　$X(s) = \dfrac{1}{s(s+1)(s+7)}$,　　$x(t) = \dfrac{1}{7} U(t) - \dfrac{1}{6} e^{-t} + \dfrac{1}{42} e^{-7t}$

(2)　$X(s) = \dfrac{s+10}{(s+1)(s+7)}$,　　$x(t) = \dfrac{3}{2} e^{-t} - \dfrac{1}{2} e^{-7t}$

(3)　$X(s) = \dfrac{s^2 + 10s + 1}{s(s+1)(s+7)}$,　　$x(t) = \dfrac{1}{7} U(t) + \dfrac{4}{3} e^{-t} - \dfrac{10}{21} e^{-7t}$

【3】 (1)　$X(s) = \dfrac{10}{s(s+1)(s+5)}$,　　$x(t) = 2U(t) - \dfrac{5}{2} e^{-t} + \dfrac{1}{2} e^{-5t}$

(2)　$X(s) = \dfrac{10}{s((s+1)^2 + 4)}$,　　$x(t) = 2U(t) - 2e^{-t} \cos 2t - e^{-t} \sin 2t$

(3)　$X(s) = \dfrac{10}{s(s^2 + 5)}$,　　$x(t) = 2U(t) - 2 \cos \sqrt{5} t$

(4)　$X(s) = \dfrac{10}{s((s-1)^2 + 4)}$,　　$x(t) = 2U(t) - 2e^{t} \cos 2t + e^{t} \sin 2t$

(5)　$X(s) = \dfrac{10}{s(s-1)(s-5)}$,　　$x(t) = 2U(t) - \dfrac{5}{2} e^{t} + \dfrac{1}{2} e^{5t}$

【4】 (1)　$x(t) = 2U(t) - \dfrac{3}{4} e^{-t} - \dfrac{1}{4} e^{-5t}$

(2)　$x(t) = 2U(t) - e^{-t} \cos 2t + \dfrac{1}{2} e^{-t} \sin 2t$

(3)　$x(t) = 2U(t) - \cos \sqrt{5} t + \dfrac{2}{\sqrt{5}} \sin \sqrt{5} t$

(4) $x(t) = 2U(t) - e^t \cos 2t + \dfrac{3}{2} e^t \sin 2t$

(5) $x(t) = 2U(t) - \dfrac{7}{4} e^t + \dfrac{3}{4} e^{5t}$

10 章

【1】(1) $X_1(s) = \dfrac{2s+10}{(s+2)(s+6)}, \quad X_2(s) = \dfrac{s+8}{(s+2)(s+6)}$

$x_1(t) = \dfrac{3}{2} e^{-2t} + \dfrac{1}{2} e^{-6t}, \quad x_2(t) = \dfrac{3}{2} e^{-2t} - \dfrac{1}{2} e^{-6t}$

(2) $X_1(s) = \dfrac{s^2 + 18s + 48}{2(s+2)(s+6)}, \quad X_2(s) = \dfrac{s^2 + 6s + 24}{s(s+2)(s+6)}$

$x_1(t) = 4U(t) - 3e^{-2t} - e^{-6t}, \quad x_2(t) = 2U(t) - 3e^{-2t} + e^{-6t}$

(3) $x_1(t) = 4U(t) - \dfrac{3}{2} e^{-2t} - \dfrac{1}{2} e^{-6t}, \quad x_2(t) = 2U(t) - \dfrac{3}{2} e^{-2t} + \dfrac{1}{2} e^{-6t}$

【2】 $X_1(s) = \dfrac{s^2 + 6s + 9}{(s+2)(s^2 + 2s + 5)}, \quad X_2(s) = \dfrac{s^2 + 2s - 3}{(s+2)(s^2 + 2s + 5)}$

$x_1(t) = \dfrac{1}{5} e^{-2t} + \dfrac{4}{5} e^{-t} \cos 2t + \dfrac{8}{5} e^{-t} \sin 2t, \quad x_2(t) = -\dfrac{3}{5} e^{-2t} + \dfrac{8}{5} e^{-t} \cos 2t - \dfrac{4}{5} e^{-t} \sin 2t$

【3】 $X_1(s) = \dfrac{s^2 + 10s + 1}{s(s+1)(s+7)}, \quad X_2(s) = \dfrac{2s - 6}{(s+1)(s+7)}$

$x_1(t) = \dfrac{1}{7} + \dfrac{4}{3} e^{-t} - \dfrac{10}{21} e^{-7t}, \quad x_2(t) = -\dfrac{4}{3} e^{-t} + \dfrac{10}{3} e^{-7t}$

【4】 $\begin{bmatrix} \dot{i} \\ \dot{v} \end{bmatrix} = \begin{bmatrix} -\dfrac{R}{L} & \dfrac{1}{L} \\ -\dfrac{1}{C} & -\dfrac{1}{RC} \end{bmatrix} \begin{bmatrix} i \\ v \end{bmatrix} - \begin{bmatrix} 0 \\ \dfrac{1}{C} \end{bmatrix} i_s(t)$

$i = -U(t) + e^{-2t} \cos 2t + e^{-2t} \sin 2t$ 〔A〕, $\quad v = -2U(t) + 2e^{-2t} \cos 2t - 2e^{-2t} \sin 2t$ 〔V〕

【5】(1) $\begin{bmatrix} \dot{v_1} \\ \dot{v_2} \end{bmatrix} = \begin{bmatrix} -\dfrac{2G}{C} & \dfrac{G}{C} \\ \dfrac{G}{C} & -\dfrac{2G}{C} \end{bmatrix} \begin{bmatrix} v_1 \\ v_2 \end{bmatrix} - \begin{bmatrix} \dfrac{1}{C} \\ 0 \end{bmatrix} i(t)$

$v_1 = -2U(t) + \dfrac{9}{2} e^{-t} + \dfrac{7}{2} e^{-3t}$ 〔V〕, $\quad v_2 = -U(t) + \dfrac{9}{2} e^{-t} - \dfrac{7}{2} e^{-3t}$ 〔V〕

(2) $v_1(0_-) = -\dfrac{2I}{3G}, \quad v_2(0_-) = -\dfrac{I}{3G}, \quad v_1(0) = -\dfrac{I}{2G}$

【6】(1) $\begin{bmatrix} \dot{i_1} \\ \dot{i_2} \end{bmatrix} = \begin{bmatrix} -\dfrac{2R}{L} & \dfrac{R}{L} \\ \dfrac{R}{L} & -\dfrac{2R}{L} \end{bmatrix} \begin{bmatrix} i_1 \\ i_2 \end{bmatrix} + \begin{bmatrix} \dfrac{1}{L} \\ 0 \end{bmatrix} e(t)$

$i_1 = 4U(t) - \dfrac{5}{2} e^{-t} - \dfrac{1}{2} e^{-3t}$ 〔A〕, $\quad i_2 = 2U(t) - \dfrac{5}{2} e^{-t} + \dfrac{1}{2} e^{-3t}$ 〔A〕

(2) $i_1(0_-) = \dfrac{2E}{3R}, \quad i_2(0_-) = \dfrac{E}{3R}, \quad i_1(0) = \dfrac{E}{2R}$

索　　引

【あ】

アドミタンス	50
アドミタンス行列	87
アドミタンスパラメータ	87

【い】

位　相	43
位相スペクトル	82
一般解	106
インダクタ	31
インダクタ電流の連続性	32
インダクタンス	31
インピーダンス	50
インピーダンス行列	86
インピーダンスパラメータ	86

【え】

枝	3, 13
枝電圧	3
枝電流	3
エネルギー	1

【お】

オイラーの公式	106
オームの法則	1

【か】

解	106
開　放	9
回　路	3
回路素子	1
角周波数	43
過減衰	108
重ねの理	21
カスケード接続	94
カットセット	134

【き】

木	134
奇関数	76
逆行列	145
キャパシタ	26
キャパシタ電圧の連続性	27
キャパシタンス	26
共　振	61
共振角周波数	61
共振周波数	61
行　列	145
行列式	145
虚　数	147
虚　部	147
キルヒホッフの電圧則	5
キルヒホッフの電流則	4

【く】

偶関数	78
クラーメルの公式	21
グラフ	3

【け】

減衰振動	107

【こ】

交流電源	43
コンダクタンス	2

【さ】

三相交流	71

【し】

実数形のフーリエ級数	81
実効値	65
実効フェーザ	67
実　数	147
実　部	147
時定数	39
ジャイレータ	93
周　期	43
従属電源	98
ジュールの法則	2
瞬時電力	64
状態変数	131
状態方程式	131

ショート	9
初期条件	105
初期値	38
振　幅	43
振幅スペクトル	82

【せ】

正弦波定常状態	46
正弦波電源	43
整　合	10, 70
絶対値	147
節　点	3, 13
節点電圧	14
節点方程式	15
線間電圧	72
線形回路	21

【そ】

相互インダクタ	97
双　対	54
相電圧	72
相電流	72
相反定理	88

【た】

単位ステップ関数	120
短　絡	9

【ち】

中性点	72
直流電源	38
直流分	76
直列接続	95

【て】

抵　抗	1
テブナンの定理	23
テブナンの等価回路	23
テレゲンの定理	7
電　圧	1
電圧制御電圧源	99
電圧制御電流源	99

電圧フォロア	100	【ひ】		ポート電流	85
電　荷	1	非線形微分方程式	142	補　木	134
電　気	1	皮相電力	68	【ま】	
伝送行列	92	微分方程式	103	マクスウェルの方程式	138
伝送パラメータ	92	【ふ】		【む】	
電　流	1	フーリエ正弦級数	76	無効電力	68
電流制御電圧源	99	フーリエ余弦級数	78	【も】	
電流制御電流源	99	フェーザ	46	網　路	17
【と】		フェーザ法	48	網　路	3
等　価	10, 91	複素共役	147	網路電流	17
導　体	1	複素形のフーリエ級数	81	網路方程式	19
特性根	36, 105	複素数	147	【ゆ】	
特性方程式	36, 106	負性抵抗	100	有効電力	68
【な】		部分分数展開	122	【よ】	
内　積	77	【へ】		余因子	147
内部抵抗	8	平均電力	64	【ら】	
【に】		平衡点	38	ラプラス逆変換	118
入力インピーダンス	93	平面回路	13	ラプラス変換	118
任意定数	105	並列接続	95	【り】	
【の】		閉　路	3	力　率	68
ノートンの定理	23	ヘビサイドの展開定理	123	理想変成器	98
ノートンの等価回路	24	偏　角	147	【る】	
【は】		変　数	13	ループ	3, 17
パーシヴァルの定理	82	【ほ】			
発振器	142	飽　和	142		
パワースペクトル	82	ポート	85		
		ポート電圧	85		

【A】		【B】		circuit element	1
				cofactor	147
admittance	50	branch	3	complex conjugate	147
admittance matrix	87	branch current	3	complex number	147
admittance parameter	87	branch voltage	3	conductance	2
alternating–current power		【C】		conductor	1
source	43			continuity property of capacitor	
amplitude	43	capacitance	26	voltage	27
amplitude spectrum	82	capacitor	26	continuity property of inductor	
angle	147	cascade connection	94	current	32
angular frequency	43	CCCS	99	co–tree	134
apparent power	68	CCVS	99	Cramer's rule	21
arbitrary constant	105	characteristic equation	36	current	1
average power	64	characteristic root	36	current–controlled current	
		charge	1	source	99
		circuit	3		

current–controlled voltage source	99	initial value	38	**【P】**	
cut–set	134	inner product	77	parallel connection	95
【D】		input impedance	93	Parseval's theorem	82
		instantaneous power	64	partial fraction expansion	122
damped oscillation	107	internal resistor	8	period	43
DC 定常解	38	inverse Laplace transform	118	phase	43
DC component	76	inverse matrix	145	phase current	72
DC stationary solution	38	**【J】**		phase spectrum	82
dependent source	98	Joule's law	2	phase voltage	72
determinant	145	**【K】**		phasor	46
differential equation	103	KCL	4	phasor method	48
direct–current power source	38	Kirchhoff's current law	4	planar circuit	13
dual	54	Kirchhoff's voltage law	5	port	85
【E】		KVL	5	port current	85
effective phasor	67	**【L】**		port voltage	85
effective power	68	Laplace transform	118	power factor	68
effective value	65	linear circuit	21	power spectrum	82
electricity	1	line voltage	72	principle of superposition	21
energy	1	loop	3	**【Q】**	
equilibrium point	38	**【M】**		Q 値	61
equivalent	10	magnitude	147	quality factor	61
Eular's formula	106	matching	10	**【R】**	
even function	78	matrix	145	reactive power	68
【F】		Maxwell's equation	138	real number	147
Fourier cosine series	78	mesh	3	real part	147
Fourier series, complex form	81	mesh current	17	reciprocity theorem	88
Fourier series, real form	81	mesh equation	19	resistance	1
Fourier sine series	76	mutual inductor	97	resistor	1
【G】		**【N】**		resonance	61
general solution	106	negative resistor	100	resonance angular frequency	61
graph	3	neutoral point	72	resonance frequency	61
gyrator	93	node	3	**【S】**	
【H】		node equation	15	saturation	142
Heaviside's expansion theorem	123	node voltage	14	second–order differential equation	105
		non–linear differential equation	142	series connection	95
【I】		Norton's equivalent circuit	24	short	9
ideal transformer	98	Norton's theorem	23	sinusoidal steady state	46
imaginary number	147	**【O】**		sinusoidal wave power source	43
imaginary part	147	odd function	76	solution	106
impedance	50	Ohm's low	1	state equation	131
impedance matrix	86	open	9	state variable	131
impedance parameter	86	oscillator	142	**【T】**	
inductance	31	over–damping	108	Tellegen's theorem	7
inductor	31			Thevenin's equivalent circuit	23
initial condition	105			Thevenin's theorem	23

three–phase alternating current	71	
time constant	39	
transmission matrix	92	
transmisson parameter	92	
tree	134	
two–port	85	

【U】

unit step function	120

【V】

variable	13
VCCS	99
VCVS	99
voltage	1
voltage follower	100
voltage–controlled current source	99
voltage–controlled voltage source	99

【Y】

Y 行列	87
Y パラメータ	87

【Z】

Z 行列	86
Z パラメータ	86

【数字】

2 ポート	85
2 階の微分方程式	105

―― 著者略歴 ――

斎藤　利通（さいとう　としみち）

- 1980年　慶應義塾大学工学部電気工学科卒業
- 1982年　慶應義塾大学大学院工学研究科修士課程
修了（電気工学専攻）
- 1985年　慶應義塾大学大学院工学研究科博士課程
修了（電気工学専攻）
工学博士
- 1985年　相模工業大学専任講師
- 1989年　法政大学助教授
- 1998年　法政大学教授
現在に至る

神野　健哉（じんの　けんや）

- 1991年　法政大学工学部電気工学科卒業
- 1993年　法政大学大学院工学研究科博士前期課程
修了（電気工学専攻）
- 1996年　法政大学大学院工学研究科博士後期課程
修了（電気工学専攻）
博士（工学）
- 1996年　上智大学助手
- 1998年　日本工業大学助手
- 1999年　日本工業大学専任講師
- 2003年　日本工業大学助教授
- 2004年　関東学院大学助教授
- 2007年　関東学院大学准教授
- 2008年　ERATO合原複雑数理プロジェクト研究員
- 2009年　日本工業大学准教授
- 2010年　日本工業大学教授
現在に至る

わかりやすい電気回路
Introduction to Electric Circuit Theory　　　© T. Saito, K. Jinno 2016

2016年 9 月 16 日　初版第 1 刷発行　　　★

検印省略	著　者	斎　藤　利　通
		神　野　健　哉
	発 行 者	株式会社　コロナ社
	代 表 者	牛来真也
	印 刷 所	三美印刷株式会社

112-0011　東京都文京区千石 4-46-10

発行所　株式会社　コロナ社
CORONA PUBLISHING CO., LTD.
Tokyo Japan

振替 00140-8-14844・電話 (03) 3941-3131 (代)

ホームページ　http://www.coronasha.co.jp

ISBN 978-4-339-00885-2　（斎藤）　（製本：愛千製本所）
Printed in Japan

本書のコピー，スキャン，デジタル化等の無断複製・転載は著作権法上での例外を除き禁じられております。購入者以外の第三者による本書の電子データ化及び電子書籍化は，いかなる場合も認めておりません。

落丁・乱丁本はお取替えいたします